エンジニアのためのGitの教科書

実践で使える！ バージョン管理とチーム開発手法

株式会社リクルートテクノロジーズ／株式会社リクルートマーケティングパートナーズ／
河村 聖悟／太田 智彬／増田 佳太／山田 直樹／葛原 佑伍／大島 雅人／相野谷 直樹

本書内容に関するお問い合わせについて

本書に関するご質問、正誤表については、下記のWebサイトをご参照ください。

正誤表　https://www.shoeisha.co.jp/book/errata/
刊行物Q&A　https://www.shoeisha.co.jp/book/qa/

インターネットをご利用でない場合は、FAXまたは郵便で、下記にお問い合わせください。

〒160-0006　東京都新宿区舟町5
(株) 翔泳社 愛読者サービスセンター
FAX番号：03-5362-3818

電話でのご質問は、お受けしておりません。

※本書に記載されたURL等は予告なく変更される場合があります。
※本書の出版にあたっては正確な記述につとめましたが、著者や出版社などのいずれも、本書の内容に対してなんらかの保証をするものではなく、内容やサンプルに基づくいかなる運用結果に関してもいっさいの責任を負いません。
※本書に掲載されているサンプルプログラムやスクリプト、および実行結果を記した画面イメージなどは、特定の設定に基づいた環境にて再現される一例です。
※本書に記載されている会社名、製品名はそれぞれ各社の商標および登録商標です。
※本書の内容は2015年12月執筆時点のものです。

はじめに

本書の位置づけ

まずは、数あるGit書籍の中からこの本を手に取っていただきありがとうございます。

検索すればほとんどの情報が出てくる現代において、大抵の書籍は購入してから半年もすれば情報が古くなります。

そして、再びその本を手に取ることは少なくなるでしょう。

筆者も例に漏れずそういう経験をしてきたひとりです。

だからこそ本書は、古くならないGitの普遍的な部分、検索しても見つからない現場のノウハウを詰め込んだ一冊に仕上げました。

Gitのバイブルとして長く使っていただけると幸いです。

対象読者について

本書はGitに触れたことのない初級者から、Gitと連携したCI環境を構築するような上級者まで幅広く学べる内容となっています。

なので対象読者はGitを使う全ての人です。

特にIT業界に新しく入られた人や、SVN（Subversion）は使っているがGitの知識はないという人にはおすすめで、これ一冊でGitの全てを学習できるようになっています。

本書の特徴

初級者から上級者まで全ての方を対象とした本書ですが、その中でも注力しているのはGit中級者に向けた内容です。

一通りのコマンドや使い方を覚え、初心者を抜け出した人が次にぶつかるのはGitの運用方法です。

なぜなら、そのノウハウは一朝一夕で得られるものではないですし、案件の制約・チームメンバーのスキルによって採るべき選択肢が変わるからです。

ですが、逆にいえばこの壁さえ突破すればGit上級者といえるでしょう。

本書では、その壁を突破するための手助けとなる思想を重点的に詰め込みました。

目　次

Chapter 01

Git とバージョン管理の基本

Git をはじめてから最初につまずくのは、Git が持つ独特の管理体系の理解です。本章ではいきなりコマンドを学ぶのではなく、バージョン管理の歴史・概念を知った上で実際にコマンドに触れていきます。Git の概念の理解とそれに基づくコマンドの動作に注目しながら、基本操作の学習を進めます。
この章が終わるまでに、挙動を理解した上でローカルでの基本操作や履歴の訂正を行えるようになり、自分好みに Git コマンドのカスタマイズもできるようになります。

Chapter-01

01 バージョン管理を知る

まずはバージョン管理によって何が便利になるのか、Subversion などの集中型と Git のような分散型でどのような違いがあるのか、といった概要から説明しましょう。

バージョン管理とは何か？

バージョン管理とは、1 つのファイルやファイルの集合に対して時間とともに加えられていく変更を記録するシステムで、後から過去のバージョンを呼び出すことができるようにするためのものです。

昨今のソフトウェア開発においては欠かせないシステムになっており、その種類には Subversion に代表される集中型、本書で取り扱う Git に代表される分散型が存在します。また、バージョン管理はソフトウェアのソースコード管理に使われることが多いですが、.xls（Microsoft/Excel）や .psd（Adobe/Photoshop）など、コンピューター上のあらゆる種類のファイルが管理できます。

バージョン管理はなぜ必要か？

バージョン管理はなぜ必要なのでしょうか。SNS サイトを例に説明します。

SNS サイトにおいて、自分のページに訪問した他のユーザーがわかるようにしてほしいという要望が高かったため、訪問履歴機能を追加したとします。しかし思ったより評判が悪く、退会者数が増えてしまったため、訪問履歴機能を廃止することに決めました。

こんなとき、バージョン管理をしていれば、コマンド 1 つで機能追加前の状態に戻ることができます。もしバージョン管理をしていなければ、追加したプログラムを手作業で取り除かなければならないのです。これだけでもバージョン管理を行うメリットを感じていただけたと思いますが、今回の例はバージョン管理を行うメリットの 1 つに過ぎません。バージョン管理が解決することは、

- who（誰が）
- what（何の変更をしたのか）
- when（いつ）

があれば解決できる全てのことです。

バージョン管理システムはどんなことに使えるか？

バージョン管理システム（以下、VCS：Version Control System）は、どんなことに使えるのかを見ていきます。

履歴を保存する

ソースコードに変更があった場合に、その状態を保存することは現代のソフトウェア開発において必要不可欠ですが、VCSなしでこれをやろうとすると大変な作業になります。

変更したファイル名や、変更箇所、変更者などをいちいちメモしておかなければならないし、物理的にバックアップをとる必要があるので、ストレージを圧迫します。また、人の手で管理する以上必ずミスが発生してしまうものです。もし致命的なバグが発生した時点での変更メモが間違っていたとしたら、せっかく残していた履歴が全く無意味なものになってしまいます。

過去のバージョンに戻る

先ほど説明したように、変更を加える前の状態に戻ることができます。また、それは非常に簡単な方法で実現できるので、ストレスなく作業することができるようになります。

何が起こったのかを知る

プロジェクトの新しいバージョンを保存するたびに、VCSは変更された内容の簡単な説明と何が変更されたかを提供してくれます。これは、プロジェクトがバージョン間でどのように変化したかを知るのに役立ちます。

バックアップ

Gitのような分散型VCSを使用すると、分散された情報は、お互いのバックアップとして機能します。チームメンバーは自分のディスク上にプロジェクトの完全な履歴を含むバージョンを持つことになるからです。もしリモートリポジトリが破損しても、リカバリに必要な全てのリソースをチームメンバーが保持しているので、慌てることはありません。

共同作業をする

もしもVCSなしで共同作業をしようとすると、誰かが作業しているときは、他の作業者は手を止めていなければいけません。

なぜなら、同じファイルを同時に修正した場合に変更箇所がぶつかってしまう可能性があるからです。　しかし、VCSを使用していれば変更履歴を確認し、VCSの機能を用いて適切に内容を併合することができるので、複数の作業者が自由に作業することができます。

バージョン管理の歴史とGitが生まれた経緯

Gitはどのように生まれたのでしょうか。

2005年、Linuxカーネルを開発していたコミュニティと、BitKeeper（VCS）を開発していた企業との協力関係が崩壊し、無償での利用が困難になりました。そこで、リーナス・トーバルズがBitKeeperの代替として開発したものがGitの始まりです。その特徴は下記にあります。

- スピード
- シンプルな設計
- ノンリニア開発（数千の並列ブランチ）への強力なサポート
- 完全な分散
- Linux カーネルのような大規模プロジェクトを（スピードとデータサイズで）効率的に取り扱い可能

また、リーナス・トーバルズは Subversion を嫌っており下記のように述べています。

“Subversion has been the most pointless project ever started,” continuing with “Subversion used to say CVS done right: with that slogan there is nowhere you can go. There is no way to do CVS right” and ending with “If you like using CVS, you should be in some kind of mental institution or somewhere else.”
「Subversion は史上最大の無意味なプロジェクトだ。Subversion は正しく CVS をやるっていってたけど、そんなスローガンではどこにもたどり着かない。もし、観衆の中に SVN（Subversion）のユーザーがいるなら、この場から去ったほうがいいかもしれない。」

ここで出てくる CVS とは、Concurrent Versions System（コンカレント・バージョンズ・システム）のことで、ネットワークを用いてバージョン管理するごく初期のバージョン管理システムです。

このような背景から、Git は Subversion が採用している Centralized（集中管理）ではなく、Distributed（分散管理）というアプローチをとっています。

出典
Tech Talk: Linus Torvalds on git（https://www.youtube.com/watch?v=4XpnKHJAok8）
A Short History of Git（http://git-scm.com/book/en/v1/Getting-Started-A-Short-History-of-Git）

集中型と分散型の違いを知る

集中型（Centralized）のソースコード管理システム

集中型（Centralized）のソースコード管理システムとは何でしょうか？　集中型のソースコード管理システムとは、Subversion や CVS に代表されるソースコード管理システムの一種で、プロジェクトの全てが単一のサーバに保持されます。これによるメリットとして、プロジェクトメンバーが何をしているのか全員がある程度わかるということが挙げられますが、当然それによる弊害もあります。

それは、単一のサーバで管理しているためサーバに障害が起きた場合に作業が停止してまうということです。また、サーバが復旧しなかった場合は過去のバージョンは全て失われ、その後のプロジェクト進行に大きな障害となって立ち塞がります。

また、集中型の管理システムだと気軽にコミットするということができません。なぜならバグを持った状態でコミットしてしまうと、全てのチームメンバーにその負債を背負わせることになるからです。これを防ぐためにコミット権限を制限するという方法がありますが、本質的な解決法とはいえません。

分散型（Distributed）のソースコード管理システム

上記で挙げた集中型管理の問題点を解決するために登場したシステムが、分散型（Distributed）のソースコード管理システムになります。クライアントはファイルの最新スナップショットを分散コピーするだけでなく、過去の更新履歴を含めたリポジトリ全体をミラーリングするのです。そのため、サーバに障害が起きても作業がストップすることはありませんし、チームメンバーのローカルの管理情報をサーバにコピーすれば、ローカルに全ての更新履歴があるため、簡単に修復できます。

メリットはこれだけに留まりません。分散型管理システムでは、リモート側のサーバに通達することなく、ローカルで開発履歴を分岐できるので、ネットワークの有無に関わらず、非常に柔軟にプロジェクトを進めることができます。

例えば、プロジェクトとして実装することが決まっていない機能であっても、素晴らしいアイデアがあればローカルで開発履歴を分岐した上で開発を進めればいいのです。ローカルで分岐した開発履歴は、他のチームメンバーに影響を与えませんし、オフラインで作業を進めることができます。完成したら、全員と分岐した開発履歴を共有して他の人に参加してもらうこともできます。また、分散型管理システムの履歴の記録は、非常に高速に動作します。理由は、アクセス先がリモートサーバではなく自身のローカルマシンだからです。小規模なプロジェクトではそこまで大きな差は出ませんが、大規模プロジェクトにおいてはとても重要なことといえます。

分散型バージョン管理システム vs 集中型バージョン管理システム

それでは分散型バージョン管理システムと集中型バージョン管理システムのどちらを使用すればいいのでしょうか？

結論からいうと、分散型管理システムになります。

分散型のバージョン管理システムを採用すれば、サーバ障害へのリスクヘッジ、簡単なローカルブランチの作成、高速なコミットなど多くのメリットを得られます。一方で、集中型のバージョン管理システムで得られるメリットは「プロジェクトメンバーが何をしているのか、全員がある程度わかる」くらいしかありません。

Subversion を使用している方々の中には、Git に移行するメリットがわからないという方がいらっしゃいますが、その疑問点がこの解説で解消されれば幸いです。

Chapter-01

02

Gitの基本的な概念を学ぶ

ここではGitがファイルの変更履歴を管理する基本的な仕組みを説明します。ワーキングディレクトリ、リポジトリ、ステージングエリアといった基本概念を理解しましょう。

Gitを使ってプロジェクトを円滑に進行するために

前節ではファイルのバージョン管理の概念や、バージョン管理の必要性、そして集中型と分散型の違い、などについて解説しました。この中でも特になぜバージョン管理が有用なのかを理解することは重要です。

企業におけるソフトウェア開発プロジェクトは、通常複数のソフトウェアエンジニアにより開発され、それぞれのプロジェクトメンバーは同時並行的にプロジェクト内で多数のファイルを作成、編集、削除しながら、正しく動くソフトウェアを作り込んでいきます。

このような状況下において、プロジェクト内の各ファイルの状態や変更履歴、またはプロジェクトがどのようにして作り上げられてきたのかといった情報を把握することは、作業ミスを防ぎ、開発からデプロイまでを繰り返し行っていく上で必要不可欠になります。Gitはファイルの状態や変更履歴にまつわる情報を把握し、自分の行った作業を円滑に他人と共有するための方法を提供してくれることで、我々のプロジェクトをより容易、安全かつ円滑に管理することを助けてくれます。

この節では、Gitを使ってプロジェクトに関わるファイルを管理するために必要になる、変更履歴管理の基本的な仕組みを説明します。

具体的には以下の内容です。

- プロジェクトをGit管理下に置く方法
- Git管理されたファイルの状態を調べる方法
- ファイルの状態を変更する方法
- ファイルの中身の差分を比較する方法

リモートやローカルなど、ローカルマシン以外のコンピューターとのやり取りを連想させる言葉が登場しますが、Gitを運用する上で個人が行う作業はほとんどローカル環境だけで完結します。また、リモートとの連携をする際にはローカルでの操作を一通り行える状態になっていることが前提となるので、この節ではローカル環境での作業の基本を理解することを目的とします。

Gitが管理する3つのエリア

Gitが管理するエリアは3つに別れます。ワーキングディレクトリとステージングエリアとリポジトリです。それぞれの特徴を見ていきましょう。

ワーキングディレクトリ

進行中のプロジェクトを丸ごとGitで管理することにしたとします。Gitで管理を始めると、プロジェクト内で今書いているプログラムやドキュメントなどのファイルやディレクトリを格納しているファイル・システムは、ワーキングディレクトリと呼ばれるようになり、以降の変更が全てGitによって監視されます。見た目上存在しているファイルやディレクトリのデータは一時的なものでしかなくなり、いつでも格納しているデータと入れ替えられる状態になります。

リポジトリ

Gitがファイルの変更を監視しているだけでは、バージョン管理はまだ行われていません。なぜなら、特定のファイルの状態をまだ保管していないからです。編集が行われたファイルを、スナップショットとして保存する手段として、コミットと呼ばれる手続きを行います。コミットを行うと、ワーキングディレクトリにあるファイルの実体がGitによってメタデータと実データに分離され、コミットした時点のスナップショットとしてメタデータとデータ実体が格納されます。コミットされたデータは、リポジトリと呼ばれるエリアに格納されて管理されるようになります。

仮に、ワーキングディレクトリ上でファイルやディレクトリを誤って消してしまっても、移動してしまっても、編集してしまっても、コミットされたファイルの実体やメタデータは全てリポジトリに格納されているため、簡単に元に戻すことができます。つまり、ワーキングディレクトリ上の編集中のファイルや、今作業のために開いているディレクトリは、全てGitがリポジトリのスナップショットから書き出したものとして扱われており、編集中のデータは全て、特定のスナップショットから修正された差分、ということになります。

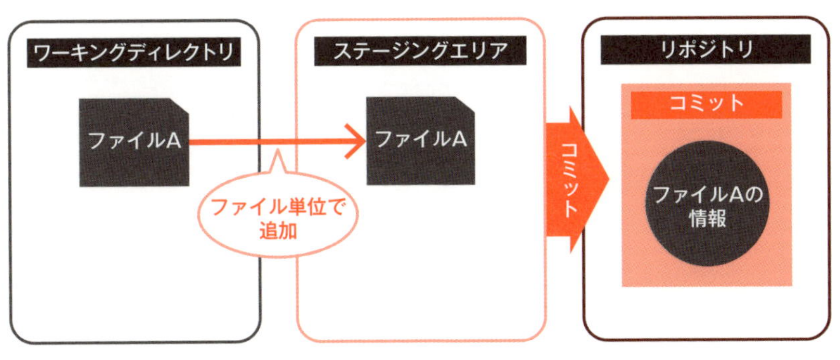

3つのエリア

ステージングエリア

特定のファイルの編集が一段落したとしましょう。リポジトリに、特定のバージョンとして編集した差分を管理してほしい場合は、コミットという作業を行う必要があります。コミットには複数のファイルの編集を1つに束ねて意味を付けることができます。コミットメッセージと呼ばれる文章を記述し、ファイルを追加したり編集したりした内容を特定の意味を付けて束ね、リポジトリに格納することになります。例えば、画面にボタンを追加したとき、「画面のデザイン」と「機能」の2つについて複数のファイルを同時に編集することになりますが、それを1つのコミットとして「ボタン機能の追加」として意味付けることができます。

コミットするときに、「ボタン機能の追加」以外に、「日付表示のバグの修正」のために、他のファイルも同時に編集していたとします。ワーキングディレクトリからリポジトリに直接、編集内容を束ねてコミットしようとすると、「ボタン機能の追加」というコミットに、「日付表示のバグの修正」が一緒に入ってしまうことになり、せっかくまとまったはずが、余計な修正内容が含まれてしまうことになります。

Gitでは、こういったコミットの単位を重要視していて、意味のまとまりを管理しやすいように、ステージングエリアを用意しています。ワーキングディレクトリからステージングエリアへの編集差分の追加は、自分で選択して行うことができます。ワーキングディレクトリから、コミットとしてまとめたい編集をステージングエリアに積み上げておき、1つの意味でまとめたら、ステージングエリアの内容を丸ごと、リポジトリにコミットして格納することができるようになっています。今回の例でいうと、「ボタン機能の追加」に関連する編集だけをステージングエリアに置いておき、「日付表示のバグ修正」についてはステージングエリアに入れないことによって、コミットの意味を「ボタンの追加」だけにまとめることができます。

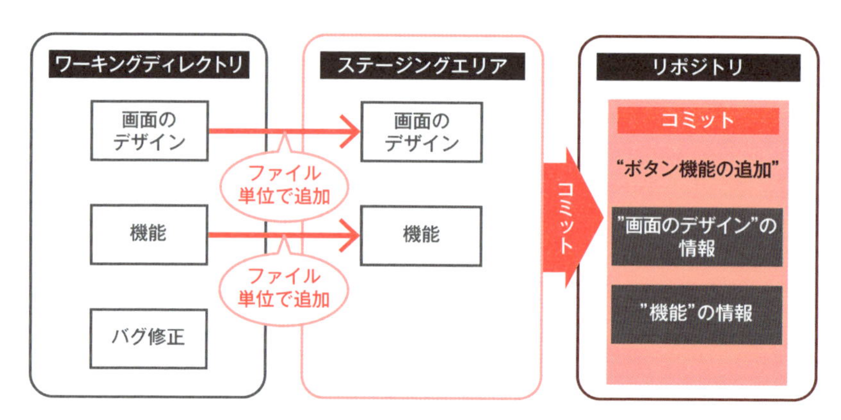

ボタン機能を追加する

おさらいすると、ワーキングディレクトリでは自由に編集や機能追加を行い、ステージングエリアに意味のあるまとまりとしてまとめ、リポジトリに意味のある単位でバージョン管理してもらう、という流れになります。

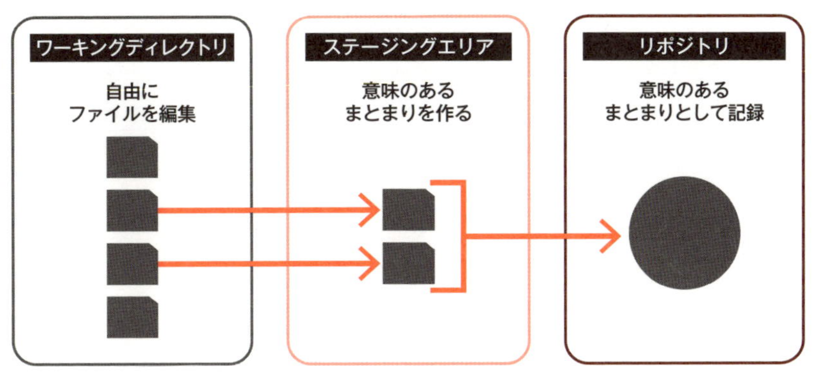

バージョン管理の流れ

Git による変更の監視

Git はワーキングディレクトリの変更を監視してくれているので、ワーキングディレクトリからステージングエリアへ変更を格納する候補として、すでに監視されているファイルに変更があれば modified（編集済み）となったファイルを自動的に候補に挙げてくれます。特定の種類のファイルの編集を、都度候補に挙げるかどうかも設定することができます。例えば、新規に作成したファイルは常に untracked（未追跡）の状態です。個人の環境によって、都度変更されるファイルなどはバージョン管理に含めたくないこともあるので、都度、ステージングを提案されないように未追跡の状態もとれるようにしています。

変更候補の中から必要なものを選択し、明示的に選択して（もちろん全ての変更を一度に選択することもできます）ステージングエリアにコミットに備えた意味のあるまとまりを作ります。ステージングエリアに格納された状態が staged（ステージ済み）です。コミットを行う前に、ステージ済みの状態であることを確認しながら、意味のあるまとまりとなっているかを確認します。一度ステージングされたファイルは、tracked（追跡）状態となり、以降の変更は常にステージングする候補として提案されます。

ステージング後に、コミットを実行してリポジトリに格納すると、コミット済みの状態となります。これでリポジトリにバージョン管理された状態となるので、いつでも格納したときの状態を取り出せるようになります。

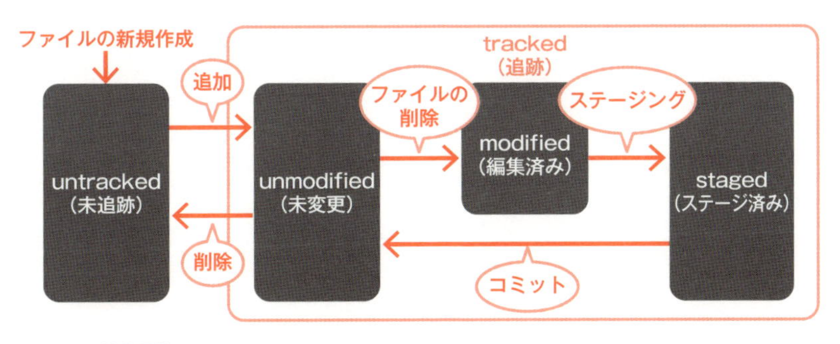

ファイルの状態遷移

Chapter-01

03

Git のインストール

本書では、主にコマンドラインで Git コマンドを実際に利用しながら使い方を確認し、実際の開発の現場を模したシナリオを追いかけながらコマンド実行していきますが、そのためには、Git のインストールが必要となります。

Git をインストールする

この節では、Git のインストールを行い、以降の章・節で実際に利用できるよう環境を整えましょう。これからお手持ちの環境に、Git を使うための環境を構築していきます。

Mac に Git をインストールする

実は Mac 環境にはすでに標準で Git がインストールされているので、すぐに使うことができます。しかしバージョンが古いことがあるので、しっかりと最新版をインストールしましょう。Git の公式サイトからインストーラをダウンロードします。

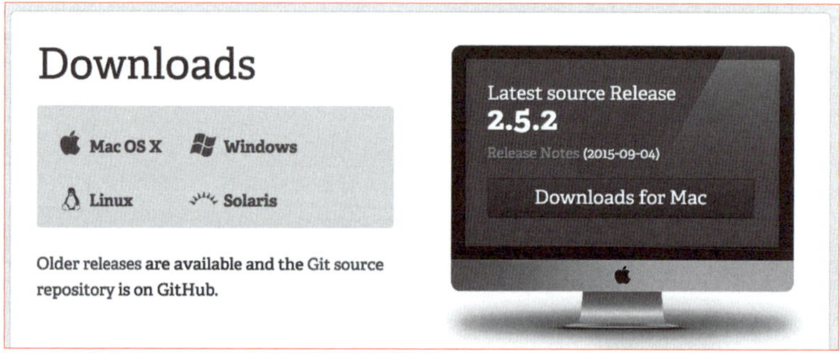

Git ダウンロードページ（https://git-scm.com/downloads）

ダウンロードした dmg ファイルを展開し、.pkg 形式のファイルをダブルクリックするとインストーラが起動します。

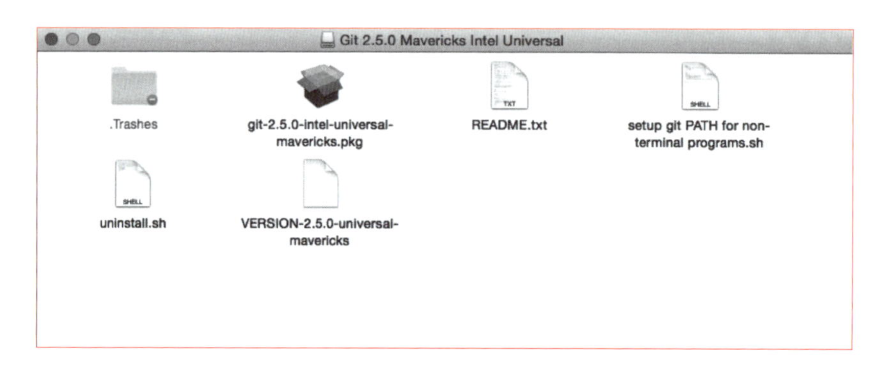

ウィザードの指示に従っていけば、インストールはすぐに終わります。

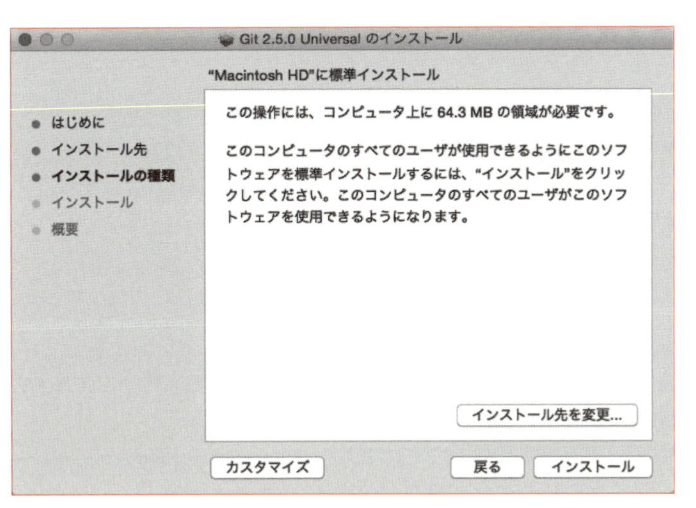

指示に従ってインストールを進める

01

02

03

COLUMN Git を Homebrew からインストールする

普段からコマンドラインの操作に慣れ親しんでいる場合は、コマンドラインから Git をインストールすることもできます。Homebrew がインストールされた状態で以下のコマンドを実行するだけで Git のインストールができます。

Homebrew からのインストール

```
# インストールする前に Homebrew で管理されているパッケージ一覧を最新版に更新します。
$ brew update
# Git をインストール
$ brew install git
```

無事にインストールできたかどうかを確認するために Git コマンドを実行してみましょう。

バージョンを確認する

```
# バージョンを確認する
$ git --version
git version 2.5.0
```

git --version は、現在の環境で使われている Git のバージョンを確認します。git version 2.5.0 とバージョン情報が表示されれば、Git のインストールは成功です。

COLUMN 入れたはずのGitバージョンが反映されない場合

入れたはずのGitのバージョンがgit --versionを使っても表示されない場合は、すでに他のGitがインストールされていて、パスの優先順位が今回インストールしたパスよりも優先されている可能性があります。

Xcodeをインストールしている人や、過去に別の方法でインストールを試みたことがある人は、Mac標準のGitや古いGitが優先度の高いパスに導入されている可能性がありますので、以下のパスに、他のGitモジュールが入っていないかを確認してみましょう。

他のパスを確認

```
# インストールパスの例
/usr/bin/git  #Xcodeのインストール
/usr/local/git/bin #インストーラからのインストール
/usr/local/bin #homebrewからのインストール
```

上記のパス一覧をヒントに、/usr/local/bin/git --versionのように、直接パスを指定して実行して、今回導入したバージョンがどこに入っているかを確認しましょう。次に、システムのパスの優先順位を確認します。

パスの優先順位を確認する例

```
# パスの優先順位を確認する例
$ cat /etc/paths
/usr/bin
/bin
/usr/sbin
/sbin
/usr/local/bin
```

今回の例では、/usr/local/binよりも/usr/binが優先されているので、もしXcodeをインストールしていたら、XcodeのGitが優先的に実行されてしまいます。

例えば、XcodeのGitではなく、HomebrewからインストールしたGitを利用するには、パスの優先順位を変えて対応しましょう。パスの優先順位を入れ替えて対応する場合は、以下のようにするといいでしょう。Homebrewからのアップデートも、そのまま継続利用することができます。

パスの優先順位を入れ替える場合

```
# パスの優先順位を入れ替える場合
#/etc/pathsを編集して、例えば/usr/local/binの優先順位を上げます
$ cat /etc/paths
/usr/local/bin
/usr/bin
/bin
/usr/sbin
/sbin
```

1つ1つ実行モジュールにソフトリンクを貼って対応することも可能ですが、Gitの関連実行モジュールは複数あり、バージョンによってファイル名・ファイル数が異なるので注意してください。

Windows に Git をインストールする

Windows 環境には標準で Git がインストールされていないので、自分でインストールする必要があります。msysGit を使うことで簡単にインストールすることができます。公式サイトからインストーラをダウンロードして実行します。

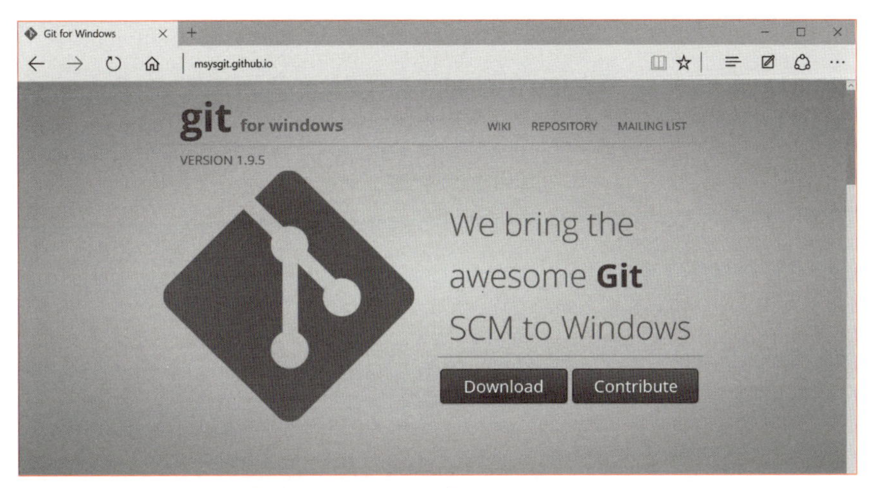

msysGit ダウンロードページ（https://msysgit.github.io/）

インストーラをダウンロードして実行したら基本的にはウィザードに従うだけなのですが、いくつか設定しておきたい箇所があります。

コンポーネントの選択

ここでは何もせずにそのまま次の画面に進みます。

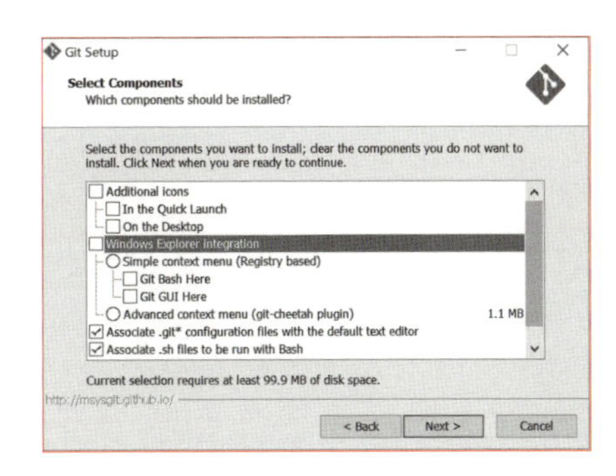

環境変数の設定

コマンドラインから Git を参照するために環境変数を設定します。本書では msysGit に付属する Git Bash というアプリケーションを使用しますので、Use Git from Git Bash only を選択します。

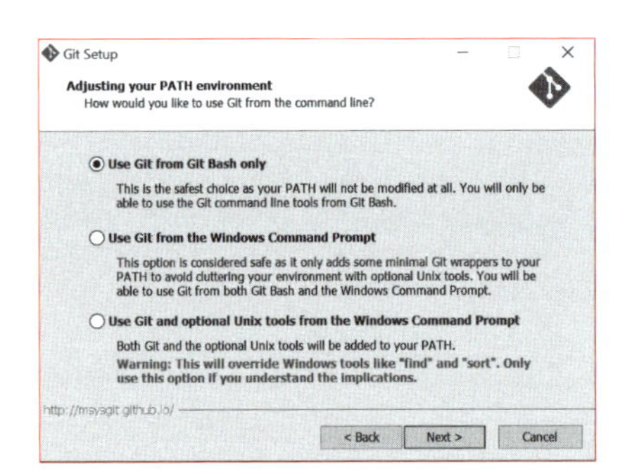

改行コードの設定

ここではGitで管理するファイルの改行コードをどのように取り扱うかについて設定します。Windowsの改行コードはCRLF（Carriage Return + LineFeed）ですが、MacやLinuxではLF（Line Feed）とWindowsと異なります。そのためLFとなっているファイルをそのままWindowsで開こうとすると正常に表示されないことがあります。

Gitにはこの違いを上手に吸収してくれる機能が備わっており、Checkout Windows-style, commit Unix-style line endingsを選択することでその機能を有効化できます。これによりWindows環境ではソースコードのチェックアウト時に改行コードをCRLF形式に、コミット時にはLF形式に自動的に変換してくれるようになります。Windows環境でGitを使う場合はこの設定を有効にしておくといいでしょう。

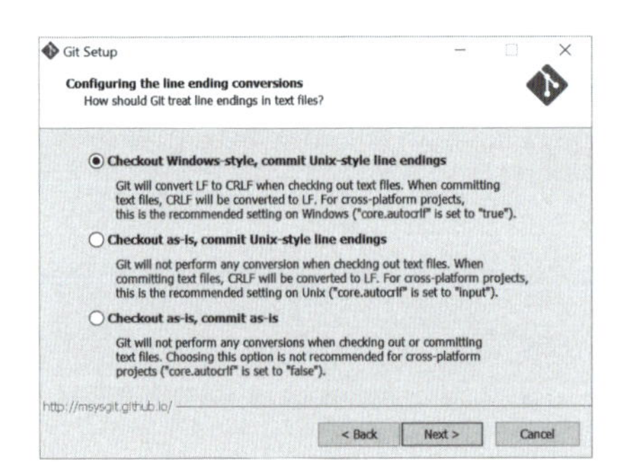

Git Bash

msysGitのインストールが無事に成功したら、Git Bashというアプリケーションが追加されるので、これを起動します。msysGitをインストールすると、Windowsに標準で付属しているコマンドプロンプトやPowerShellではなく、このGit BashからGitコマンドを実行することになります。

外見はコマンドプロンプトに似ていますが、Bashという名前が付いていることからわかるようにGit BashではLinuxやMacにあるようなBashコマンドをそのまま使うことができるのが特徴です。

世の中に出回っているGitコマンドに関する情報はMacやLinux環境を想定したものが多いため、Windowsでも同じようにBashコマンドが使えるGit Bashを使ってGitの学習を進めていくことをおすすめします。

Git の初期設定

環境にインストールした Git の初期設定を行います。ここでは、ごく最低限の設定だけを行います。

ユーザー名とメールアドレスを設定する

リポジトリに対して誰がコミットしたのかを履歴として残すためにユーザー名とメールアドレスを設定します。名前は半角英数字で入力してください。もちろん本名ではなくSNS などで利用しているハンドルネームを使っても差しつかえありません。

ユーザー名とメールアドレスを設定する

```
#ユーザー名を設定する
$ git config --global user.name "git-taro"
#メールアドレスを設定する
$ git config --global user.email "git-taro@example.com"
```

以上で、最低限の設定は完了しました。Git の設定は、もちろんこれだけではありません。好みに応じてさまざまなカスタマイズが可能です。カスタマイズをすることで Git のコマンドの使い勝手は格段に向上します。ただ、基本的なコマンドを触ってみて、動きを理解してから、設定を変えていくことをおすすめします。設定変更について詳しくは、01-06「Git の設定を行う」を参照してください。

Chapter-01
04

Gitの基本コマンドを学ぶ

ここでは実際にGitを使う上で必要となる基本的なコマンドを紹介します。本節を最後まで読めば、リポジトリの作成や設定、変更内容のコミットができるようになり、プロジェクトの履歴を確認して作業できるようになります。

git init —— Gitリポジトリを作成する

はじめにローカル環境に新しいリポジトリを作成しましょう。Gitでバージョン管理を始めるには、リポジトリの初期化をする必要があります。ここではgit-tutorialという空のディレクトリを新規に作成してGitで管理してみましょう。

まずはgit-tutorialをお好きなディレクトリに作成してそこに移動します。

ディレクトリの作成

```
$ mkdir git-tutorial
$ cd git-tutorial
```

移動したらinitコマンドを実行します。

リポジトリの作成

```
$ git init
Initialized empty Git repository in
/Users/home_directory/works/git-tutorial/.git/
```

これでgit-tutorialディレクトリはGitリポジトリとして管理されるようになりました。git initコマンドを実行すると.gitという名前のディレクトリが新規に作成され、リポジトリに関する全てのメタデータがここに格納されます。逆にいえば、この.gitディレクトリを削除するとそのディレクトリは過去の履歴も含めてGitの管理下から解放されます。

また、以下のようにディレクトリをオプションで指定したコマンドを実行すると、指定したディレクトリに対してGitリポジトリを作成します。

initコマンド

```
$ git init <directory_name>
```

例えばgit init myfirst-gitとコマンドを実行すると.gitサブディレクトリを含んだmyfirst-gitという名前のディレクトリが新規に作成されます。すでに同名のディレクトリが存在する場合は、そのディレクトリ内に.gitサブディレクトリが作成されます。

Gitではリポジトリとして初期化したディレクトリ以下のディレクトリを、ワーキングディレクトリと呼びます。.gitサブディレクトリには管理ファイルやリポジトリの情報を格納し、ワーキングディレクトリ内では、通常のファイルの編集や操作を行います。編集後はファイルをリポジトリに登録して歴史（履歴）を管理します。もしファイルを以前の状態に戻したくなったら、リポジトリから以前のファイルの状態を取り出し手元に戻すことができます。

COLUMN　既存のプロジェクトを Git 管理下に置く方法

Git のユースケースとしては書籍原稿のバージョン管理や、デザインのバージョン管理など、ソフトウェア開発以外にもさまざまなケースがありますが、個人であるソフトウェアを開発することを想定してみましょう。一般的にソフトウェア開発プロジェクトを開始する際には、そのプロジェクト専用のディレクトリをコンピューターのファイルシステムのどこかに作成します。プロジェクトに関わる全てのファイルは 1 つのディレクトリ以下でバージョン管理をするのが一般的です。既存のディレクトリを Git 管理下に置く場合、前述の git init <ディレクトリのパス> コマンドを実行します。例えば、プロジェクトのディレクトリに入って、初期化するには、以下のようにカレントディレクトリを指して初期化することになります。

リポジトリの作成

```
# リポジトリの作成
$ git init .
```

これにより、既存のプロジェクトのディレクトリ以下に置かれた全てのファイルが Git の管理対象になります。

01

02

03

git status —— Git リポジトリの状態を確認する

さて、Git リポジトリができたところで、実際にファイルを作成・編集してリポジトリにファイルを登録してみましょう。

まずは git-tutorial ディレクトリ内に README.md という名前のテキストファイルを新規に作成します。ファイルには以下のテキストを入力して保存します。

ファイルの作成

```
$ echo '# hello, git!' > README.md
$ cat README.md
# hello, git!
```

このような新規にファイルを追加したり既存のファイルを変更したり削除するなど、ワーキングディレクトリでは次々と状態が変化していきます。そこでどのファイルが今現在どんな状態にあるのかを確認するためのコマンドが git status です。

Git ステータスの確認コマンド

```
$ git status
```

README.md を作成した状態で git status コマンドを実行し、git-tutorial ディレクトリの状態を確認してみましょう。

ステータスの確認

```
$ git status
On branch master

Initial commit

Untracked files:
  (use "git add <file>..." to include in what will be committed)

    README.md

nothing added to commit but untracked files present (use "git add" to
track)
```

Git の履歴の追跡対象になっていないファイル（Untracked files）として README.md が一覧に表示されました。

untracked（未追跡）状態とは

untracked files となっている README.md ファイルはたった今初めて作成されたものなので、Git が「前回のスナップショット時（※この場合は git init を実行したとき）には、このファイルは存在しなかった」と判断したことになります。こちらから明示的に指示しない限り Git はこのファイルをコミット対象に含めることはありません。つまり意図せず自動生成されたファイルなど、コミットしたくないファイルを誤ってコミットしてしまう心配はないということです。このような、untracked（未追跡）状態とは、ステージングエリアにもリポジトリにも登録されていない状態のことを指します。Git は untracked ファイルの存在を認識することはできますが、リポジトリの管理下に、一度も登録されたことがなく、そのファイルの過去の比較対象がないため、当然、差分の確認はできません。Git にこのファイルの差分を管理させるためには、少なくともステージングエリアかリポジトリに登録する必要があります。そうすることで、ワーキングディレクトリとステージングエリアの差分、もしくは、ワーキングディレクトリとリポジトリの差分を比較できるようになります。

迷ったときは、とにかく git status を実行してみよう

プログラミングなど膨大な量のテキストを編集していると、自分が今どこまで作業を進めたのか見失ってしまうことがあります。そんなときはとりあえず git status コマンドを実行することで現状を大まかに把握することができます。git status は git 利用中に最も多く使うコマンドになることでしょう。

git status で Git の管理から外れているかを確認する

プロジェクトのディレクトリを Git 管理されていない状態に戻すには .git ディレクトリを削除します。.git ディレクトリは、git init を実行したディレクトリに作成されています。実際に消して、git status で状態を確認してみましょう。

リポジトリの削除

```
$ rm -rf .git
$ git status
fatal: Not a git repository (or any of the parent directories): .git
```

管理ファイルを削除して git status を実行してみると、「Not a git repository（git リポジトリではありません）」というエラーが出力されています。つまり、管理ファイルを削除するだけで、実際利用しているディレクトリ・ファイルには影響ないまま、Git の管理下から外すことができます。このとき、ワーキングディレクトリの状態がそのまま残ることになる点に注意してください。

git add —— ステージングエリアへファイルを追加し、コミット対象にする

新規に作成したファイルを Git リポジトリの管理対象に加えます。git add コマンドを実行してみましょう。

ステージングエリアへのファイルの追加コマンド

```
$ git add README.md
```

再び git status コマンドを実行してみると、先ほどと違って README.md が追跡対象となり、ステージングエリアと呼ばれる場所に登録されているのがわかります。

ステータスの確認

```
$ git status
On branch master

Initial commit

Changes to be committed:
  (use "git rm --cached <file>..." to unstage)

    new file:   README.md
```

ファイル名をスペースで区切ることで複数指定することもできます。

複数ファイルの指定

```
# 複数ファイルの指定
$ git add <file> <file> ...
```

また、パラメータに . を指定すると、全てのファイルをステージングエリアに登録することができます。

全てのファイルを登録

```
# 全てのファイルを登録
$ git add .
```


ステージングエリア

ステージングエリアとは、ファイルをコミットする前に変更内容を一時的に登録しておくバッファのようなものです。Gitの世界ではこのステージングエリアに追加することを「ステージ（stage）する」もしくは「ステージング（staging）する」や「indexする」といいます。ステージングエリアに追加されたファイルは、次回のコミットコマンド実行時に、リポジトリに格納されることになります。つまりgit addコマンドを実行しただけでは、ローカルリポジトリには何も影響を与えることはなく、後述するgit commitコマンドを実行するまでは変更が実際に記録されることはありません。

同時に、新規にファイルを作成したり編集していてもステージングされていなければ、git commitコマンドを実行してもそのファイルの変更はリポジトリに記録されません。つまり add -> commit と2段階の操作を経てファイルはリポジトリに記録されるというわけです。

ステージングはなぜ必要か？

なぜこのような仕組みになっているのでしょうか？　git addせずともgit commitだけで変更済みのファイルをまとめてリポジトリに記録してしまうほうが楽なのではないでしょうか？　このステージングという仕組みは、「1つのコミットには、主題となる変更とは無関係な変更を含めない」というポリシーの元に成り立っています。

例えば、「ユーザーログインの機能を修正中に、ログイン画面のスタイルまで修正してしまった」とします。この場合、ワーキングディレクトリの変更に複数の意味が含まれていますが、もしステージという仕組みがないとgit commitだけで全ての変更が、1つの束としてリポジトリに登録されることになります。今回のように、機能と画面を一度に修正したコミットは、後から変更点の差分を見直すときに、画面の修正と機能の修正といった複数の意味が含まれた変更点が混在して表示されてしまったり、コミットメッセージには「ログイン機能の変更」のように片方の変更についてしか言及していなかったりと、のちの混乱を引き起こす原因になりかねません。1つのコミットは1つの意味を束ねることで、後からの履歴の修正が容易になります。

複数の変更を１つのコミットに詰め込むとわかりにくくなる

ステージングを用いることにより、関連性の強い変更のみを選別して焦点が明確なスナップショットを作成してからコミットを行うことができるようになります。先ほどの例でいうと、一度にワーキングディレクトリで修正していた「ログインの機能」と「画面の変更」を、１つ１つ選択してステージングし、別々の束としてとりまとめ、コミットの単位をまとめることができるようになります。つまり、関連性を気にせずに途中で異なる焦点の変更を加えてしまっても、関連性の強い変更だけをまとめてステージングすることで、論理的に整理されたコミットを保つことができるようになります。プロジェクトの他の箇所への影響を最小限に抑えつつ、バグの原因調査や変更の取り消しが容易に行えるように、１回のコミットは関連性の強いものだけにまとめつつ小さくすることが大切です。

Git が管理しているさまざまなファイルの状態

git add の実行後、git stauts を見ると、untracked として認識されていたファイルが Changes to be committed として Git に認識されています。これは先ほどのファイルの変更がステージングエリアに登録されたことを意味します。Changes to be committed に表示されている new file という状態は、リポジトリに登録される（コミットされる）のは初めてのファイルであることを示しています。すでに過去にコミットされていて監視されているファイルは状態変更によってステータスが変わります。今回のステージングでファイルの内容が変更されることを示す modified や、過去にコミットされていて、今回のステージングで削除されることを示す deleted などの状態が存在します。

ワーキングディレクトリとステージングエリアの差分を確認する

README.md がステージングされ Git の差分管理の対象として認識されたので、ファイルの中身を変更し、差分を確認してみましょう。

先ほどの git add の解説において、README.md がステージングされている状態から始めます。まずは、README.md の中身を "# Hi, Git!" に書き換えます。そして git status でリポジトリの状態を確認してみましょう。

ステージングエリアに登録後にファイルを変更

```
#すでにgit addされているREADME.mdを書き換える
$ echo '# Hi, Git!' > README.md
$ cat README.md
# Hi, Git!

#ステータスを確認する
$ git status
On branch master

Initial commit

Changes to be committed:
  (use "git rm --cached <file>..." to unstage)

    new file:   README.md

Changes not staged for commit:
  (use "git add <file>..." to update what will be committed)
  (use "git checkout -- <file>..." to discard changes in working
directory)

    modified:   README.md
```

README.md はすでにステージングされているので untracked ではなくなりました。代わりに Changes not staged for commit という区分に modified という状態で認識されています。git status コマンドの出力として表示されるこの区分はワーキングディレクトリの領域です。実際の物理的なファイルの状態としてステージングエリアまたはリポジトリの前回のコミットと比較して変更されたファイルがこの区分に表示されます。一方で、Changes to be committed（ステージングエリア）に表示されているファイル名およびファイルの状態（new file）は、ファイルの内容を変更する前から変わっていません。これはステージングエリアに対して、新規にファイルを追加したりファイル名を変更するなどの変更を加えていないので妥当な結果です。

では、なぜ同じファイルが別々の領域に表示されているのでしょう。それは Git がファイルの変更を監視しているからです。先ほど README.md ファイルを git add コマンドを使って初めてステージングエリアにステージングしました。その後、README.md ファイルの中身を "# hello, git!" から "# Hi, Git!" に変更しました。ワーキングディレクトリは物理的なファイルの状態としてファイルを見ています。ワーキングディレクトリから見た README.md の中身が "# Hi, Git!" である一方で、ステージングエリアから見た README.md の中身は最後に登録された際の中身である "# hello, git!" のままです。Git はこの違いを認識しワーキングディレクトリの README.md を modified として表示しているのです。

Git でファイルの変更差分を確認するためには、「どの領域にあるファイルの差分を確認するのか？」という視点が重要になります。それは、ワーキングディレクトリとステージングエリアとの比較なのか、それともステージングエリアとリポジトリとの比較なのか、それともワーキングディレクトリとリポジトリとの比較なのか、コマンドを打つ際に明確にしておく必要があります。また、ファイルの差分確認に限らず「どの領域に対して何の操作を行うのか」という視点を持つ癖を付けておくと、今後Gitを使いこなしていく上でプラスになってくるでしょう。

では、実際にワーキングディレクトリが見ているREADME.mdとステージングエリアが見ているREADME.mdの中身の差分を確認してみましょう。

git diff —— Gitでファイルの変更差分を確認する

ステージングエリアへステージしたファイル、または、リポジトリに管理されているファイルとの差分を確認するためにはgit diffコマンドを使用します。今回はワーキングディレクトリとステージングエリアのREADME.mdの差分を確認したいので、git diff README.mdを実行します。

ステージングエリアとの比較

```
$ git diff README.md
diff --git a/README.md b/README.md
index b8a851f..2231475 100644
--- a/README.md
+++ b/README.md
@@ -1 +1 @@
-# hello, git!
+# Hi, Git!
```

この場合、ステージングエリアのファイルの中身を軸にした比較結果が表示されます。-# hello, git!でステージングエリアにある"# hello, git!"という表記がなくなっていることが示されており、+# Hi, Git!の部分で、"# Hi, Git!"が追加されていることが示されています。デフォルトでは、git diffは変更箇所を文字単位でなく、行単位で教えてくれています。--word-diffオプションを使うことで単語単位での比較をすることもできます。

単語単位の比較

```
$ git diff --word-diff README.md
diff --git a/README.md b/README.md
index b8a851f..2231475 100644
--- a/README.md
+++ b/README.md
@@ -1 +1 @@
# [-hello,-]{+Hi,+} Git!
```

○git commit —— リポジトリの変更を記録する

ステージングエリアに登録されているファイル・ディレクトリを１つの束として、リポジトリの歴史として記録します。この記録をもとにファイルを過去の状態に戻したり、削除されてしまったファイルを復元したりすることができるようになります。Gitにおける最も重要なコマンドの１つといえるでしょう。

１行のコミットメッセージと共に記録する

それでは早速コミットしてみましょう。以下のgit commitコマンドを実行してみます。

コミットする

```
$ git commit -m "[add] READMEファイルを新規に作成"
[master (root-commit) b65c91e] First commit
 1 file changed, 1 insertion(+)
 create mode 100644 README.md
```

-mオプションの後の"[add] READMEファイルを新規に作成"の部分をコミットメッセージといいます。ここには今回のコミットに関する要約を記述します。

詳細なコミットメッセージを記述する

１行だけでなく、より詳細なコミットメッセージと共に記録したい場合は、-mオプションを付けずにgit commitコマンドを実行します。するとテキストエディタが起動し、コミットメッセージの入力を求められます。

コミットメッセージ編集のためにエディタが起動する

```
# Please enter the commit message for your changes. Lines starting
# with '#' will be ignored, and an empty message aborts the commit.
# On branch master
# Changes to be committed:
#   new file:   README.md
#
```

ここにコミットメッセージを記述します。コミットメッセージは、次の書式に基づいて記述します。

行	説明
１行目	コミットする変更内容の要約を記述
２行目	空行
３行目以降	変更の概要やその箇所を詳細に記述

２行目は、区切りとしてみなされるため、空白とします。実際に書いたコミットメッセー

ジがこちらです。

コミットメッセージの作成

```
[add] README ファイルを新規に作成

Git の練習として README.md を新規に作成してみた。
内容はひとまず # hello, git! のみ。
# Please enter the commit message for your changes. Lines starting
# with '#' will be ignored, and an empty message aborts the commit.
# On branch master
# Changes to be committed:
#   new file:   README.md
#
```

01

　コミットメッセージの入力後、ファイルを保存しテキストエディタを閉じるとコミット処理が実行されます。もしコミットを中止したい場合は、コミットメッセージを一切書かずにテキストエディタを終了します。以下のようなメッセージが表示され、コミットは中止されます。

02

コミットの中止

03

```
Aborting commit due to empty commit message.
```

　commit コマンドを実行したら状態を確認してみます。

状態の確認

```
$ git status
On branch master
nothing to commit, working directory clean
```

　これで現在のワーキングツリーは、最後にコミットされた最新の状態から変更が一切ない状態であることが確認されました。

　今度は先ほどの README.md を編集してからもう一度コミットしてみましょう。以下のように追記します。

README.md

```
# hello, git!

Everything is local.
```

　ファイルを保存したら再度 git add してステージングエリアに追加し、次のコミット対象に含めます。通常であれば先ほどと同じ git add してから git commit と別々にコマンドを実行するわけですが、以下のように git commit にオプションを追加することで、修正分を一気にコミットしてしまうことができます。

修正分を一気にコミット

```
# 修正分を一気にコミット
$ git commit -a -m <コミットメッセージ>
```

-a というオプションを追加しました。-a は --all の略称で、Git のヘルプには commit all changed files と説明されています。つまり前回と最新のステージングエリアを比較して変更があった部分をステージングしてコミットするという意味を持っています。git commit にこのオプションを追加することで、変更のあったファイルをまとめて add してから commit を実行することができます。

注意点として、-a オプションはステージングエリアのみを比較し、ワーキングディレクトリ全体の変更状態はチェックしません。つまり新規に作成されたファイルは -a オプションの対象外となり、コミットには含まれません。

git log —— リポジトリのコミット履歴を閲覧する

リポジトリのコミットの履歴を一覧で表示します。単に一覧表示するだけでなく、特定の変更内容の検索をすることも可能です。git status がワーキングディレクトリとステージングエリアの状態を確認するものであるのに対し、git log コマンドはすでにコミットされた履歴を対象としています。

先ほどコミットした内容を確認してみましょう。git log コマンドを実行します。

コミット履歴を確認

```
# コミット履歴を確認
$ git log
commit 497c2636ae2fe66314d0308038d58b6be0348bc2
Author: git-taro <git-taro@example.com>
Date:   Sat Aug 29 22:26:15 2015 +0900

    [modify] キャッチコピーを追加

commit a5fe6b9f0830ff19d93e658f333d539ddc9fb174
Author: git-taro <git-taro@example.com>
Date:   Sat Aug 29 22:18:52 2015 +0900

    [add] README ファイルを新規に作成

    Git の練習として README.md を新規に作成してみた。
    内容はひとまず # hello, git! のみ。
(END)
```

デフォルトでは git log は、Git の現在の先端を表す HEAD が参照しているコミットをまず参照します。その最先端のコミットから順に、たどるコミット履歴を新しい順に表示します。つまり直近のコミットが最初に表示されます。今回の例ではキャッチコピーを追加と README.md というファイルを新規に追加したという計二回の変更が新しい順に表示されているのがわかります。履歴閲覧を終了するには q を入力します。

1 行目にある commit に続く 40 文字のランダムな文字列は、SHA-1 チェックサムと呼ばれるコミットを実行するたびに生成されるユニーク ID のようなものです。これにより Git は全てのコミットを個別に管理することができ、後述する git revert や git cherry-pick を実行する際に使われます。

また、git log コマンドはデフォルトでは HEAD からの履歴を全て表示しますが、git log --since=yyyy-MM-dd --until=yyyy-MM-dd といったようにオプションとして指定することで特定の範囲の履歴のみを表示することができます。後述するブランチ名を指定して、git log <branch> のようにブランチの先頭からたどったコミット履歴を表示することもできます。

コミット粒度（単位）はどれくらいが適切？

1 つのコミットで「何を」行ったのかが適切に管理されることを意識するのが重要です。ここでいう適切な管理とは 1 つ 1 つのコミットが適切な粒度で管理されているということです。基本的には 1 つのコミットには 1 つの作業だけを含めるべきです。あれこれと複数の作業を詰め込むのはよろしくありません。例として以下のような「作業」を行ったとします。

- A という機能を追加した
- B という機能の不具合を修正した

これらはそれぞれ異なる作業を行ったといえます。もしこれらを一度にまとめてコミットしてしまうと、後から A の機能追加をなかったことにしたくなっても、同時に B の不具合改修までなかったことにされてしまいます。もし別々にコミットされていれば、「A という機能を追加した」のコミットだけを git revert や git rebase などのコマンドを利用して取り消すことができます。コミットの単位をうまくまとめることによって、ソースコードそのものの修正ではなく、履歴の修正によって機能を更新できるようになります。

もうひとつ付け加えるならば、「粒度は小さく」が正義だということです。先ほどの「A という機能を追加した」が「ログイン機能を追加した」だったとしましょう。確かにコメントの内容から見れば 1 つの作業といえますが、この粒度では大きすぎる可能性があります。ログイン機能と一言にいっても、「入力フォーム画面の作成」、「バリデーションの実装」、「ログインエラー時の対応」、「ログイン成功時の画面遷移」など複数のロジックが含まれている可能性があります。このような比較的大きな機能を追加する場合はコミット単位に分けるのではなく、別に作業ブランチを作成してそこでロジック単位でコミットすることで、後で履歴を追って修正すべき点を見付けるのが容易になります。また、履歴の抜き差しによって修正ができる単位にすると、さらに Git を便利に使うことができるようになります。

○Gitの基本コマンドのおさらい

プロジェクトを管理下におくには、git init で初期化します。ワーキングディレクトリに追加したファイルは untracked（未追跡）状態として Git に認識され、git add を利用して変更を選択的にステージングエリアに追加することができます。ステージングエリアに新規に追加したファイルは、new file として監視対象になります。監視対象になったファイルに変更があれば、modified（変更済み）状態として認識されました。ワーキングディレクトリと、ステージングエリアの差分は git diff で確認することができます。ステージングエリアに加えた修正は、git commit によって 1 つの束としてリポジトリにコミットされ、Git に履歴管理されます。履歴管理をされたコミットは、git log で確認できます。

ローカルでの Git の基本操作はワーキングディレクトリ・ステージングエリア・リポジトリの各領域間の移行と差分比較を覚えることから始まります。これらの操作を各領域間で問題なく行うことができれば、間違ったコマンドを発行して大切な変更を削除してしまいといった取り返しの付かないミスを行うことなく、自信を持って Git を運用できるようになります。初級の段階では各コマンドがどの領域に対して何を行うのを理解するのに時間が掛かりますが、手を動かしながら体で覚えていくのが一番の近道です。

COLUMN　コミットメッセージはなぜ必要？

コミットメッセージは「なぜ」「何を」行ったのかを後から確認できるようにするための重要な情報です。

Git は膨大な変更履歴を管理するためのツールです。したがってその真価は後から変更履歴を振り返るときにあるといっても過言ではありません。過去の変更履歴を振り返る上で重要なのは、いつ、誰が、なぜ、何を、どのように変更したのかが記録されているかということです。「いつ」と「誰が」と「何を」は Git が自動的に記録してくれるので特に意識する必要はありませんが、「なぜ」と「どのように」に関しては利用者が自分で書かなくてはなりません。

システム開発において過去の変更履歴を振り返るシチュエーションはいくつか考えられますが、比較的ありがちなのが以下のようなときではないでしょうか。

- 新たに発覚した不具合の原因はいつ埋め込まれたのかを知りたい
- 誰がいつどのような理由からこのロジックを変更ないし追加したのかを知りたい

もしコミットが適切な粒度とメッセージを持って管理されていれば、それを頼りに大まかなあたりを付けたのち、実際にコードの中身を見て確認するとなど目的の情報に対して素早くたどり着くことができます。

しかしコミットメッセージが「ロジック追加」など不適切なものしか記述されていなければどうでしょう。これでは具体的にどんな作用をしているロジックなのかわかりませんし、追加した意図もくみ取れません。自分で書いたものであればまだしも、他人の書いたものだと意図を把握するのは困難でしょう。

1 つのシステム開発に関わる人数が増えるほど、コミットメッセージの重要性は高まってきます。他の人が読んだだけで変更内容が把握できるようなメッセージを書くように意識するといいでしょう。たとえ自分一人だけの開発であったとしても、未来の自分がすぐに思い出してくれるようにメッセージは適切に残しておくといいでしょう。筆者は一カ月後の自分はもはや他人であると考えるようにしています。

余談になりますが、コミットメッセージは過去形ではなく現在形で記述するのが一般的です。現在形で記述することによってそれぞれのコミットがリポジトリに対するアクションのように表現されるため、後から履歴を追いかけたり変更を加えたりする際に直感的に理解できるメリットがあります。

Chapter-01

05

Git のコマンドをさらに使いこなす

Git にはバージョン管理のために便利なコマンドがたくさん用意されています。リセットしたり、コミットを打ち消したり、コミット履歴の表示方法を変える方法を知り、過去の操作を編集する方法などを覚えましょう。

git reset —— コミットを取り消す

git reset はコミット履歴を過去にさかのぼってそれ以降のコミットを全てなかったことにします。後で説明する git revert は打ち消し処理も履歴として残りますが、git reset は取り消しの履歴が残りません。つまりこの「取り消す」操作を取り消すことはできません。

```
$ git reset <file>
```

ステージングエリアに追加されたファイルをステージングエリアから削除します。git add コマンドの取り消しだと思えばいいでしょう。ファイルの変更内容はそのまま保持されます。ファイルの指定オプションを付けないと、ステージングエリアに追加されたものが全て削除されます。つまり直前のコミット時の状態に戻されます。その場合もファイルへの変更内容は保持されます。

操作前

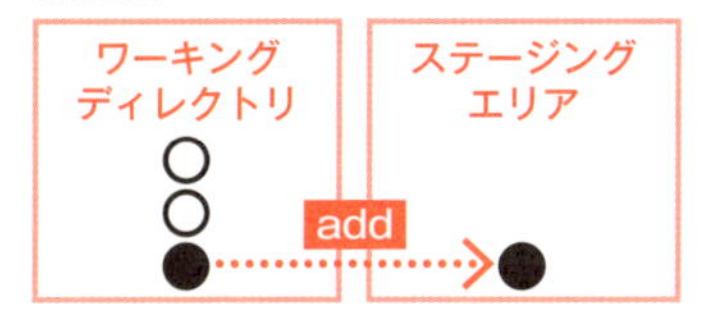

●は変更のあったファイル
○はファイル

ワーキングディレクトリの状態を直前のコミットまで戻す

--hard オプションを付けると直前のコミット時と**完全に一致した状態**に戻されます。つまりワーキングディレクトリでの作業内容（ファイルの変更内容など）は全て破棄され、なかったことになります。機能の追加や修正が複雑になりすぎたので直前のコミット時点からやり直したいといった場合に使います。

hard オプション

```
$ git reset --hard
```

操作前

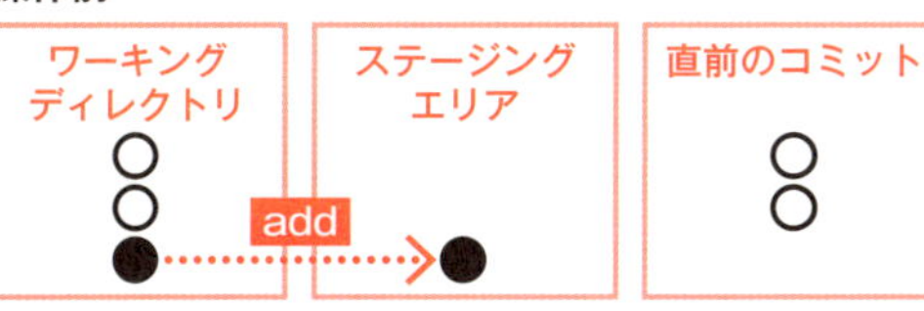

操作後

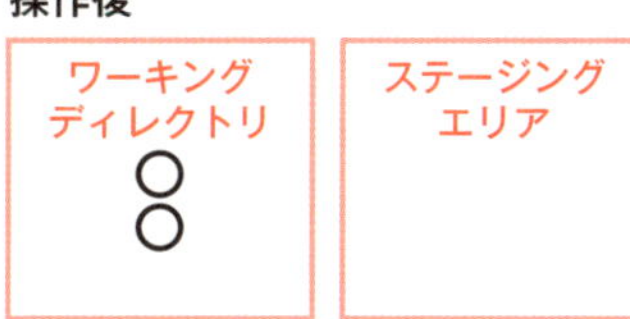

指定したコミットの状態まで戻す

コミットIDの指定

```
$ git reset <commit id>
```

現在のブランチの位置を <commit id> まで戻しつつステージングエリアをそのときの状態まで戻しますが、ワーキングディレクトリでの作業内容はそのまま保持されます。複数回に分けて行われたコミットを1回にまとめた状態でやり直したいといった場合に使われます。

コミットIDをhardオプションを付けて指定

```
$ git reset --hard <commit id>
```

現在のブランチの位置を <commit id> まで戻しつつステージングエリアをそのときの状態まで戻し、さらにワーキングディレクトリの状態も <commit id> のときの状態に戻されます。

git resetは、一度実行すると二度と取り消すことのできない危険をはらんだコマンドです。そのファイルの変更内容が不要であると確実にいい切れるとき以外は使用を控えるのが無難です。

ステージングエリアの変更をワーキングディレクトリに戻す

ステージングエリアに登録したものが、1つのコミットとするには不適切な場合、一部のファイルだけステージングを取り消したいことがあります。例えば、「ログインの機能追加」のみをコミットしたいのに、「ログイン画面のスタイル修正」もステージングしてしまった場合などです。

ステージングしたものを元に戻すという操作はアンステージングと呼ばれます。アンステージングは厳密にいえば単純にステージングされたファイルの変更をなかったことにする（削除する）だけなのですが、私たちがアンステージングを行った後にワーキングディレクトリの状態にあってほしい結果としては2通りのパターンがあります。

- ワーキングディレクトリの状態はそのままにして、単純にステージングエリアに登録されたファイルの変更を消す
- ステージングエリアに登録されたファイルの変更で、ワーキングディレクトリを上書きする

前者の場合はワーキングディレクトリの変更はなくなりませんが、後者の場合はワーキングディレクトリとステージングエリアの変更が異なる場合、ワーキングディレクトリの変更内容が消えてしまうので注意が必要です。

ワーキングディレクトリの状態を変えずにアンステージングする

では単純にステージングエリアに登録されたファイルの変更を消す操作を行ってみましょう。では、テスト用のリポジトリを作成し、a.txt の中身が下図のようになっている状態を作ってみましょう。

操作前

ステージングまでの操作は以下のようになります。

ステージングまでの操作

```
# リポジトリ作成
$ mkdir test
$ cd test
$ git init
# ファイルの作成
$ echo "goodbye" > a.txt
# ステージング
$ git add a.txt
# ファイルの変更
$ echo "hello" > a.txt
# ステータスの確認
$ git status
On branch master

Initial commit

Changes to be committed:
  (use "git rm --cached <file>..." to unstage)

	new file:   a.txt

Changes not staged for commit:
  (use "git add <file>..." to update what will be committed)
  (use "git checkout -- <file>..." to discard changes in working
directory)

	modified:   a.txt
```

ここからステージングエリアの変更を単純に削除してみます。操作後はリポジトリは下記の状態になります。

操作後

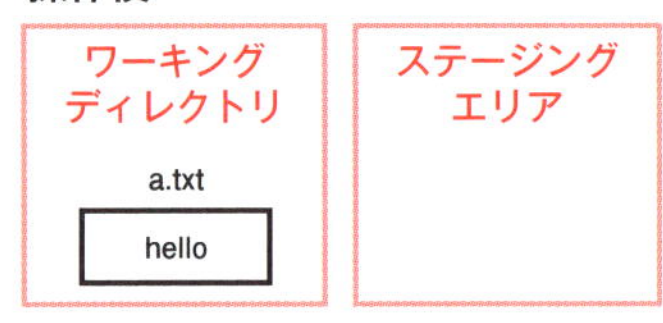

今回は、ファイルの追加と追加後の修正の2つを行っていますが、ステージング後の修正はワーキングディレクトリに残しつつ、追加したファイルをアンステージングするところまで一気に実行するコマンドは、git reset <file> となります。

ステージングの取り消し

```
$ git reset a.txt
$ git status
On branch master

Initial commit

Untracked files:
  (use "git add <file>..." to include in what will be committed)

    a.txt

nothing added to commit but untracked files present (use "git add" to
track)
```

ステージングエリアからは a.txt は削除されています。次にファイルの中身を確認してみましょう。

ステージング取り消し後のファイルの状態

```
$ cat a.txt
hello
```

こちらも、期待通りになっていますね。

ワーキングディレクトリの状態も変えてアンステージングする

ステージングエリアの登録を取り消し、さらにワーキングディレクトリの状態をステージングエリアの変更で上書きする操作を行ってみましょう。下図のイメージです。

操作前

操作後

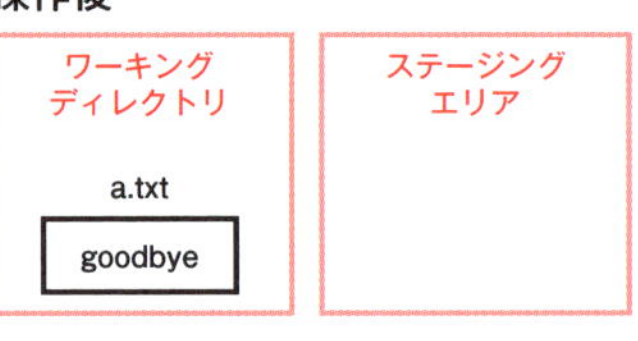

まずテストのためにリポジトリの状態を作ります。

テスト環境を作る

```
# ファイルの作成
$ echo "goodbye" > a.txt
# ステージング
$ git add a.txt
# ステージング後のファイルの修正
$ echo "hello" > a.txt
# 状態の確認
$ git status
On branch master

Initial commit

Changes to be committed:
  (use "git rm --cached <file>..." to unstage)

  new file:   a.txt

Changes not staged for commit:
  (use "git add <file>..." to update what will be committed)
  (use "git checkout -- <file>..." to discard changes in working
directory)

  modified:   a.txt
```

ワーキングディレクトリの状態を上書きするためには一度 git checkout <file> を使い、ステージングエリアの変更内容をワーキングディレクトリに上書きした後で、ステージングエリアとの差分をなくし、ステージングエリアへの登録内容を git rm --cached <file> コマンドで取り消します。ファイル追加だけして、ステージング後にファイルの修正を行っていない場合も、上記メッセージの通り、git rm --cached <file> でアンステージングすることもできます。git checkout <file> 後に、git reset <file> でアンステージングしても問題ありません。

まずは、ワーキングディレクトリを元に戻します。

ワーキングディレクトリを元に戻す

```
# ワーキングディレクトリを元に戻す
$ git checkout a.txt
$ cat a.txt
goodbye
# 状態の確認
$ git status
On branch master

Initial commit

Changes to be committed:
```

```
    (use "git rm --cached <file>..." to unstage)

    new file:   a.txt
```

ワーキングディレクトリのa.txtは"goodbye"に変更され、Changes not staged for commitの区分に表示されていたmodified: a.txtという表示が消えています。これはgit checkoutがa.txtをgit addしたときの状態まで戻したからです。最後に先ほど実行したgit reset <file>を実行しgit statusでリポジトリの状態を確認してみましょう。

アンステージングする

```
#アンステージング
$ git reset a.txt
#ステータスの確認
$ git status
On branch master

Initial commit

Untracked files:
  (use "git add <file>..." to include in what will be committed)

    a.txt

nothing added to commit but untracked files present (use "git add" to
track)
```

ステージングエリアへの登録が消え、a.txtがuntracked filesとして認識されている点に注意してください。無事にアンステージングが完了し、a.txtはファイルが作成された時点でのuntrackedな状態に戻ったということになります。

git clean —— ワーキングディレクトリの追跡対象外のファイルを元に戻す

git resetによってステージングエリアの変更をワーキングディレクトリに戻す方法を見てきましたが、ワーキングディレクトリにあるファイルでステージングしたことのない追跡対象外のファイルを一度に消す方法はないでしょうか？

git cleanコマンドは、Gitに管理させることなく実験的に作成したワーキングディレクトリのファイルを一掃するコマンドです。

例を考えてみます。今、master.txtを編集しています。途中でいくつか思いついたことがあり、master.bak1というバックファイルを作って書き進め、さらに、またアイデアがああって、master.bak2というバックファイルを作成して、master.txtを書き進めました。

ワーキングディレクトリの状態

```
# ワーキングディレクトリの状態
$ ls
master.bak1    master.bak2    master.txt
# 追跡状態の master.txt と、未追跡状態のバックアップファイル
$ git status
On branch master
Changes not staged for commit:
  (use "git add <file>..." to update what will be committed)
  (use "git checkout -- <file>..." to discard changes in working
directory)

	modified:   master.txt

Untracked files:
  (use "git add <file>..." to include in what will be committed)

	master.bak1
	master.bak2

no changes added to commit (use "git add" and/or "git commit -a")
```

master.txt が問題なく書き上がったら、追跡されていないワーキングディレクトリ上のバックアップファイルはもう不要です。git clean コマンドを用いて、未追跡のファイルを一掃してみます。まずは、どのファイルが削除対象となるかを確認します。

-n オプションで削除対象を確認する

```
#-n オプションで削除対象を確認する
$ git clean -n
Would remove master.bak1
Would remove master.bak2
```

-n オプションまたは --dry-run オプションで、削除対象となるファイルを確認できます。ワーキングディレクトリ上の未追跡のバックアップファイルである、master.bak1 と master.bak2 だけが削除対象となりました。では、消してみましょう。

-f オプションで強制削除

```
#-f オプションで強制削除
$ git clean -f
Removing master.bak1
Removing master.bak2
# 削除後の確認
$ git status
On branch master
Changes not staged for commit:
  (use "git add <file>..." to update what will be committed)
```

```
  (use "git checkout -- <file>..." to discard changes in working
directory)

     modified:   master.txt

no changes added to commit (use "git add" and/or "git commit -a")
```

追跡中の master.txt は削除されず、未追跡の master.bak1 と master.bak2 のバックアップファイルが無事に削除されました。

ファイルではなくディレクトリの場合は、-d オプションを利用します。未追跡の backup ディレクトリを例に実行してみます。

-d オプションを利用してディレクトリを対象に削除対象を確認

```
#-dオプションを利用して未追跡のディレクトリを対象に削除対象を確認
$ git clean -nd
Would remove backup/
```

-n は先ほど紹介した実行せずに確認だけするオプション、-d は未追跡のディレクトリを削除するオプションです。未追跡の backup ディレクトリが削除対象として表示されています。実際に削除したい場合は、-df として強制オプションも指定します。

他に、-i オプションで対話的に削除したり、-X で .gitignore で指定されているファイルだけを消したりと、環境のクリーンアップに便利に活用できるコマンドです。

git log のさまざまなオプション

git log にはさまざまなオプションがあります。

-n オプションを利用して表示するコミット履歴の件数を制限する

```
$ git log -n <limit>
```

表示するコミット履歴の件数を <limit> に制限します。例えば git log -n 3 と実行すると、最新から 3 件のコミット履歴のみが表示されます。

--outline オプションを利用してコミット内容を 1 行に圧縮する

```
$ git log --oneline
```

それぞれのコミット内容を 1 行に圧縮して表示します。サンプルのリポジトリで実行すると、履歴は以下のように表示されます。

```
497c263 [modify] キャッチコピーを追加
```

```
a5fe6b9 [add] README ファイルを新規に作成
(END)
```

SHA-1 チェックサムと 1 行コミットメッセージだけの履歴が表示されました。また SHA-1 チェックサムは冒頭 7 文字だけが表示されます。コミット履歴を概観するときに利用すると便利です。

追加行数と削除行数を表示する

```
$ git log --stat
```

通常のコミット履歴に加えて、編集されたファイルごとの追加行数と削除行数を増減数で表示します。

完全な差分情報を表示する

```
$ git log -p
```

通常のコミット履歴に加えて、完全な差分情報を表示します。例えば先ほどキャッチコピーを追加した分のコミット履歴には、以下のようにコードを追加した旨が表示されます。

```
+
+Everything is local.
```

コミットで具体的に何を行ったのかを確認するときに使います。また、git log -p -2 とオプション指定すると、直近の 2 コミット分だけを表示します。

指定したファイルを含むコミットのみを表示

```
$ git log <file>
```

指定したファイルを含むコミットのみを一覧に表示します。

--pretty オプションの利用

--pretty オプションを使うと、コミットログをデフォルトのフォーマットとは違った形で表示することができます。

コミットログを指定フォーマットで表示

```
$ git log --pretty=oneline
```

上記のように --pretty=oneline と指定すると、それぞれのコミットの内容を 1 行に圧縮して表示します。

```
497c2636ae2fe66314d0308038d58b6be0348bc2 [modify] キャッチコピーを追加
a5fe6b9f0830ff19d93e658f333d539ddc9fb174 [add] README ファイルを新規に作成
(END)
```

oneline の他にも short や full など、さまざまなオプションがあります。

short オプション

```
# short
# Date とコミットメッセージの詳細部分が省略された状態で表示されます
$ git log pretty=short

commit a5fe6b9f0830ff19d93e658f333d539ddc9fb174
Author: git-taro <git-taro@example.com>

    [add] README ファイルを新規に作成

# full
# Date が省略され、コミットした人の情報が表示されます
$ git log --pretty=full

commit a5fe6b9f0830ff19d93e658f333d539ddc9fb174
Author: git-taro <git-taro@example.com>
Commit: git-taro <git-taro@example.com>

    [add] README ファイルを新規に作成

    git の練習として README.md を新規に作成してみた
    内容はひとまず # hello, git! のみ
```

format オプション

```
$ git log --pretty=format:"%h - %an, %ar : %s"
```

format オプションを指定すると、独自のログ出力フォーマットを指定することができます。フォーマットを詳細かつ明示的に指定することで思い通りの形式で出力することができます。以下は先ほどのコマンドを実行して出力されたログです。

```
497c263 - git-taro, 2 weeks ago : [modify] キャッチコピーを追加
a5fe6b9 - git-taro, 2 weeks ago : [add] README ファイルを新規に作成
```

コミットされた日からログ出力を行った日までの相対的な日付が表示されました。このような format オプションを駆使することでデフォルトにはない形式でのログ出力が可能となります。

以下はformatで利用できるオプションの一覧です。

オプション	出力される内容
%H	コミットのハッシュ
%h	コミットのハッシュ（短縮版）
%T	ツリーのハッシュ
%t	ツリーのハッシュ（短縮版）
%P	親のハッシュ
%p	親のハッシュ（短縮版）
%an	Authorの名前
%ae	Authorのメールアドレス
%ad	Authorの日付（--date=オプションに従った形式）
%ar	Authorの相対日付
%cn	Committerの名前
%ce	Committerのメールアドレス
%cd	Committerの日付
%cr	Committerの相対日付
%s	件名

Authorはその作業を最初に行った人を、Committerはその作業を適用した人を示します。

--graphオプションの利用

--graphを指定することで、コミットメッセージの左側にグラフィカルに視覚化されたものが表示されます。また、--decorateを指定すると、コミットログにブランチ名を表示します。--onelineを指定すると、それぞれのコミット内容を1行に圧縮して表示します。

```
$ git log --graph --decorate --oneline
```

上記のコマンドを実行すると、次のように表示されます。

```
* a0266a9 (HEAD -> chap_1-3) [modify] 長すぎて可読性が悪くなってきたので、改行
を調整
* 4e6f9ff [add] コミットメッセージに関するコラムを追加
* 7f9eefc [modify] コミット粒度に関するコラムを追加
* 5eec2ea [modify] 全体的に言い回しを見直し
*   9ca5a07 Merge branch 'master' into chap_1-3
|\
| *   6ce7b51 (origin/master, origin/HEAD, master) Merge pull request
#12 from ainoya/issues/12
| |\
| | * e15f021 [structure] adding [TIPS]: 誰がいつ書いたコードかを調べる git
blame
| * |   20f3b7f Merge pull request #13 from ainoya/issues/13
```

複数ブランチでの運用が活発化してくると、テキストベースだけでコミット履歴を追いかけるのが困難になってきます。git log --graph コマンドを使うことで、コミット履歴を視覚的にわかりやすく確認できるようになります。

git commit --amend —— 直近のコミットを修正する

「追加すべきファイルを含め忘れていた」「コミットメッセージを間違えてしまった」というのは誰でもやりがちです。git commit --amend というように --amend オプションを付けてコミットすると、それらのミスを修正することができます。

追加すべきファイルを含め忘れていた

２つのファイルを編集して１つのスナップショットとしてコミットするつもりが、片方をコミットし忘れてしまったとします。その場合は、コミットし忘れたファイルをステージングエリアに追加したのち、--amend オプションを付けてコミットします。

例としてインデックスページ index.html を新規に作成し、README.md にもそのページへのリンクを追加するとします。

README.md

```
# hello, git!

Everything is local.

* [index](index.html)
```

index.html

```
<!DOCTYPE html>
<html>
<head>
    <meta charset="UTF-8" />
    <title>Git Tutorial</title>
</head>
<body>
    <h1>Git Tutorial</h1>
</body>
</html>
```

新規に作成したファイルは明示的にステージングエリアに追加する必要があるため、add コマンドを実行せず -a オプションを付けてコミットしただけではコミットに含まれなくなります。

```
$ git commit -a -m "[modify] インデックスページを追加"
```

```
[master 078fc9c] [add] インデックスページを追加
 1 file changed, 1 insertion(+), 1 deletion(-)
```

index.html がコミットから漏れてしまいました。このコミットを修正するには、index.html をステージングエリアに追加した後 --amend オプションを付けて再度コミットします。

```
$ git add .
$ git commit --amend
```

するとテキストエディタが起動し、先ほどのコミットメッセージが表示されます。

```
[add] インデックスページを追加

# Please enter the commit message for your changes. Lines starting
# with '#' will be ignored, and an empty message aborts the commit.
#
# Date:      Sat Sep 5 15:45:54 2015 +0900
#
# On branch master
# Changes to be committed:
#    modified:    README.md
#    new file:    index.html
#
```

README.md と共に new file として index.html がコミット対象に含まれているのがわかります。保存してコミットを実行すると、先ほどのコミット内容が上書きされます。また、このタイミングでコミットメッセージを修正することも可能です。

--no-edit オプションを付けると、コミットメッセージを変更することなくコミットの修正をすることができます。

```
$ git commit --amend --no-edit
```

コミットメッセージを間違えてしまった

コミットメッセージだけを修正したい場合は、もっと簡単です。何もステージングエリアに追加していない状態でこのコマンドを実行すると、テキストエディタが起動してコミットメッセージだけを修正することができます。

```
$ git commit --amend
```

git checkout —— ファイルのチェックアウト、コミットのチェックアウト

コミットのチェックアウトを行うと、ワーキングディレクトリがそのコミット時の状態と同じになります。同じ状態になるといいましたが、プロジェクト内で行ったまだコミットしていない変更内容はそのまま保持されるため、過去の状態を確認したいときなどに使われます。

```
$ git checkout <branch_name>
```

指定したブランチに戻るコマンドです。ブランチについては後述します。

```
$ git checkout <commit id> <file_name>
```

指定したファイルの過去の状態をチェックアウトします。このコマンドを実行すると指定したファイルが指定した commit id のときの状態に戻ります。つまり、指定したファイルを特定の履歴のときの状態まで戻したいときに使われます。さらに戻されたファイルはステージングエリアに追加されます。

```
$ git checkout <commit id>
```

ファイルを指定しないと、プロジェクト内全てのファイルを指定した commit id のときの状態に戻ります。この場合はファイルを指定したときと違って、HEAD が特定のブランチを参照していない状態を示す detached HEAD 状態となるため、git checkout <branch_name> と元いたブランチ名を指定したコマンドを実行することで、いつでも最新の状態に戻ることができます。

過去の commit id のチェックアウトはあくまで閲覧を目的としたものであるため、現在のプロジェクトの「状態」に対して何か影響を及ぼすということはありません。それに対し、過去のファイルのチェックアウトはそれまでの変更内容を全て打ち消し手元に戻すという働きをします。

git revert —— コミットを打ち消すコミットをする

git revert コマンドは、過去のコミット履歴から指定したスナップショットをなかったことにします。なかったことにするといっても履歴からその部分を抹消するのではなく、そのコミットによって加えられた変更内容を打ち消すコミットを新たに加えるというものになります。

```
$ git revert <commit id>
```

<commit id> によって加えられた変更を元に戻すコミットが新たに生成され、それが現在のブランチに適用されることになります。SHA-1 チェックサムはフルで入力せず一部だけの指定であっても、コミットが特定できれば問題なく実行することができます。

例えば次のようなコミットがあったとします。

```
$ git log

commit be027d60ac928d5e4be3eb51f603e7e1b623b30f
Author: git-taro <git-taro@example.com>
Date:   Sat Sep 5 17:08:26 2015 +0900

    [modify] インデックスページに自己紹介文を追加

commit d15b28ab49e65702f68ffcd45356f1c42ceaa0e9
Author: git-taro <git-taro@example.com>
Date:   Sat Sep 5 15:45:54 2015 +0900

    [add] インデックスページを追加
```

index.html

```
<!DOCTYPE html>
<html>
<head>
    <meta charset="UTF-8" />
    <title>Git Tutorial</title>
</head>
<body>
    <h1>Git Tutorial</h1>
    <p>My name is Naoki YAMADA.</p>
</body>
</html>
```

index.html に自己紹介文のテキストを追加するというコミットをしました。しかし後になって個人情報をのせるのは良くないという話になり、この変更自体を取り消す必要が出てきました。その場合、手作業で問題のコードを削除してコミットし直すのではなく、git revert コマンドを実行することで安全に打ち消すことができます。

```
$ git revert be027d60ac
```

コマンドを実行するとテキストエディタが起動し、コミットメッセージの編集を行うことができます。

01
02
03

```
Revert "[modify] インデックスページに自己紹介文を追加"

This reverts commit 36b04f6a2d8ec10e1bd373200c8b1f6152fdb382.

# Please enter the commit message for your changes. Lines starting
# with '#' will be ignored, and an empty message aborts the commit.
# On branch master
# Changes to be committed:
#   modified:   index.html
#
```

打ち消す対象のコミットが直近のものである場合は、コミットIDを指定せずともHEADと入力するだけで同様の処理をすることができます。

git logコマンドでコミット履歴を確認してみましょう。

```
$ git log

commit 36b04f6a2d8ec10e1bd373200c8b1f6152fdb382
Author: git-taro <git-taro@example.com>
Date:   Sat Sep 5 17:14:32 2015 +0900

    Revert "[modify] インデックスページに自己紹介文を追加"

    This reverts commit be027d60ac928d5e4be3eb51f603e7e1b623b30f.

commit be027d60ac928d5e4be3eb51f603e7e1b623b30f
Author: git-taro <git-taro@example.com>
Date:   Sat Sep 5 17:08:26 2015 +0900

    [modify] インデックスページに自己紹介文を追加

commit d15b28ab49e65702f68ffcd45356f1c42ceaa0e9
Author: git-taro <git-taro@example.com>
Date:   Sat Sep 5 15:45:54 2015 +0900

    [add] インデックスページを追加
```

自己紹介文を追加したコミット自体はそのままに、それを打ち消すためのコミットが新たに追加されているのがわかります。

○git rm —— ファイルの削除

git rmコマンドは、ワーキングディレクトリにあるファイルと、ステージングエリアからファイルを削除します。

```
$ git rm filename
```

```
rm 'filename'
```

実行後に git status コマンドを実行すると削除された情報がステージングエリアに追加されているのがわかります。

```
$ git status
On branch master
Changes to be committed:
  (use "git reset HEAD <file>..." to unstage)

    deleted:    foo.txt
```


--cached オプションを付けるとステージングエリアからのみファイルを削除し、ワーキングディレクトリ上の物理ファイルはそのまま保持されます。git add を取り消したいときなどに使われます。

また、git rm コマンドに -n オプション（もしくは --dry-run）を付けて実行すると、実際には rm を実行せずにどのファイルが削除されるのかを確認することができます。

```
$ git rm -n a.txt
rm 'a.txt'
```

git mv —— ファイル名変更と移動

ワーキングディレクトリにあるファイルに対し、名前変更やディレクトリ移動を行います。

```
$ git mv oldfile newfile
```

例として foo.txt を新規に作成してコミットしたのち、名前を変更してみましょう。

```
$ touch foo.txt
```

UNIX コマンドを使って foo.txt というファイルを作成します。ファイルの中身は空っぽで構いません。

```
$ git add .
```

git add コマンドを使ってステージングエリアに追加します。

```
$ git commit -m "[add] リネームテスト用ファイルを作成"

[master 886ebf3] [add] リネーム用テストファイルを作成
 1 file changed, 0 insertions(+), 0 deletions(-)
 create mode 100644 foo.txt
```

コミットメッセージを入力してコミットします。

```
$ git mv foo.txt bar.txt
$ git status

On branch master
Changes to be committed:
  (use "git reset HEAD <file>..." to unstage)

    renamed:    foo.txt -> bar.txt
```

foo.txt のファイル名を bar.txt に変更します。git status コマンドを実行すると、リネームされた状態でステージングエリアに追加されているのがわかります。

git mv は UNIX コマンドの mv と挙動が似ていますが、それに加えて git add と git rm を同時に行うという振る舞いをします。

```
$ mv oldfile newfile
$ git add newfile
$ git rm oldfile
```

また git rm コマンド同様、-n オプション（もしくは --dry-run）を付けることで、実際に名前変更やディレクトリ移動はせずにどのような結果になるのかだけが表示されます。

```
$ git mv -n foo.txt bar.txt

Checking rename of 'foo.txt' to 'bar.txt'
Renaming foo.txt to bar.txt
```

git archive —— ワーキングディレクトリから圧縮ファイルを作成する

Git で管理を始めると、過去の歴代のファイルは、.git という隠しディレクトリに格納されていき、サイズが大きくなっていきます。ワーキングディレクトリの見た目上のサイズで考えてバックアップをとろうと、リポジトリのルートを丸ごとバックアップしようとしたら、現在までバージョン管理されてきた隠しフォルダ内のファイルも含められるので、予想外のサイズになってしまうことがあります。また、現時点のソースコードだけ渡そうとしたのに、同様に予想よりも大きなサイズの受け渡しになって困ることがあります。

git archiveは、ワーキングディレクトリのみからアーカイブを作成するコマンドです。圧縮ファイルに格納するワーキングディレクトリの状態として、コミットIDやHEADなどの指定で、好きなバージョンを指定することができます。

以下のようなフォルダ構成のアーカイブを取得してみましょう。

圧縮の対象となるワーキングディレクトリのフォルダ構成

```
$ tree . -a
.
├── .git
| #省略
├── README.md
├── main.rb
└── modules
    ├── module1.rb
    ├── module2.rb
    └── new_module.rb
```

このディレクトリには、.gitフォルダがあり、今までの全ての変更を含めた管理ファイルが格納されています。git archiveコマンドを使って、現在のワーキングディレクトリだけのアーカイブを作成してみます。

HEADのワーキングディレクトリの状態からアーカイブを作成

```
$ git archive --format=zip HEAD -o backup.zip
#作成したアーカイブの中身を確認
$ zipinfo backup.zip
Archive:  backup.zip   788 bytes   6 files
-rw----     0.0 fat        0 bx stor  2-Oct-15 00:29 README.md
-rw----     0.0 fat        0 bx stor  2-Oct-15 00:29 main.rb
drwx---     0.0 fat        0 bx stor  2-Oct-15 00:29 modules/
-rw----     0.0 fat        0 bx stor  2-Oct-15 00:29 modules/module1.rb
-rw----     0.0 fat        0 bx stor  2-Oct-15 00:29 modules/module2.rb
-rw----     0.0 fat        0 bx stor  2-Oct-15 00:29 modules/new_module.
rb
```

HEADのワーキングディレクトリの状態でZIPアーカイブが作成されています。アーカイブの中身を確認すると、管理フォルダ.gitの下のファイルは含まれていません。ワーキングディレクトリのファイルのみを圧縮できています。-oオプションで、出力する圧縮ファイル名を指定しています。--formatオプションでは、フォーマットを選択できます。選択可能な形式は、-lオプションで確認することができます。

フォーマット一覧の確認

```
$ git archive -l
tar
tgz
tar.gz
zip
```


--prefix オプションを付けることで、アーカイブの出力先を変えることもできます。ファイル名の変更と、アーカイブの出力先を変更することで、定期実行するバッチと組み合わせて、ワーキングディレクトリのバックアップをとることもできます。

念のため、modules/new_module.rb をコミットする前のコミットからアーカイブを作成してみます。

コミットIDからアーカイブを作成する

```
$ git log --oneline --graph
* 50279a4 adding new_module
* 305c1ed adding module1 and module2
* 91e1846 adding main code
* 9bec9d1 first commit
#new_module を入れる前のコミット ID を指定してアーカイブを作成する
$ git archive --format=zip 305c1ed -o backup.zip
# 作成したアーカイブを確認
$ zipinfo backup.zip
Archive:  backup.zip   652 bytes   5 files
-rw----     0.0 fat        0 bx stor  2-Oct-15 00:28 README.md
-rw----     0.0 fat        0 bx stor  2-Oct-15 00:28 main.rb
drwx---     0.0 fat        0 bx stor  2-Oct-15 00:28 modules/
-rw----     0.0 fat        0 bx stor  2-Oct-15 00:28 modules/module1.rb
-rw----     0.0 fat        0 bx stor  2-Oct-15 00:28 modules/module2.rb
```

modules/new_module.rb を入れる前のコミットIDから作成したZIPファイルは、modules/new_module.rb を含んでいません。

このような、特定のバージョンからもアーカイブを作成できるので、配布用のアーカイブを作成するには非常に便利なコマンドです。

Chapter-01

06

Git の設定を行う

Git は多くの設定可能なパラメータを備えています。コミットの対象から外すファイルを指定したり、コマンドをカスタマイズしたりと、設定できる要素は多様です。その中から多くの人が設定を変更して利用するポイントを選んで説明していきます。

Git をカスタマイズする

Git はそのままでも便利なコマンドですが、カスタマイズを行うことでさらに自分好みの便利なツールに変えていくことができます。打ち込むコマンドの長さを短くしたり、出力結果を自分好みにしたりと、カスタマイズできる要素がたくさんあるので見ていきましょう。

Git のコンソール出力に色を付ける

Git はコンソールに大量の文字が出力されるため、そのままでは非常に読みづらいものになってしまいます。次のコマンドを実行することで文字が適切に色付けされた状態で出力されるようになります。

```
$ git config --global color.ui true
```

color.ui は全てのコマンドに対して一括で指定しますが、各コマンド個別に設定することも可能です。

```
color.branch       # ローカルブランチ、リモートブランチ、現在のブランチを色分け
color.diff         # 差分を色分け
color.interactive  # 対話コマンドを色分け
color.status       # ステータス表示を色分け
```

Git コマンドのショートカットを作成する

Git コマンドは一日に何十回、何百回と実行するものなので、よく使うコマンドのエイリアス（ショートカット）を設定しておくと作業効率のアップにつながります。例えば以下のコマンドを実行すると、checkout を co と入力しても実行できるようになります。

```
$ git config --global alias.co checkout
```

他にも以下のようなエイリアス設定が広く使われています。好みに応じて適宜取り入れていみるといいでしょう。

```
$ git config --global alias.st status
```

```
$ git config --global alias.co checkout
$ git config --global alias.br branch
$ git config --global alias.ci commit
```

gitの設定内容は.gitconfigというプレーンテキストファイルに以下のような内容で保存されます。

.gitconfig

```
[user]
    name = Naoki YAMADA
    email = naoki_yamada@example.com
[alias]
    st = status
    co = checkout
    br = branch
    ci = commit
```

これを直接テキストエディタで編集することも可能です。その場合はgit configコマンドを実行した場合と同じ結果になります。

COLUMN　Gitの設定には3種類ある

git configコマンドで設定した内容は.configというプレーンテキストファイルに保存されますが、用途別に3種類存在します。

概要	ファイルの保存先	設定オプション	設定レベル
各リポジトリ固有の設定	<リポジトリのルートディレクトリ>/.git/config	オプションなし	3
Gitユーザー固有の設定	~/.gitconfig	--global	2
システム全体に関する設定	/etc/gitconfig	--system	1

同様の設定内容があった場合は設定レベルの高い順に適用されます。

Windows環境においては、Gitは$HOMEディレクトリ（環境変数USERPROFILEで指定された場所）の中にある.gitconfigファイルを参照します。一般的に$HOMEディレクトリは、C:\Documents and Settings\$USERかC:\Users\$USERのどちらかであることがほとんどです（$USERは環境変数USERNAMEで設定されています）。

○Gitで管理したくないファイルを無視させる —— .gitignore

Gitリポジトリの中にはコミットといったGitの管理に含めたくないファイルやディレクトリがある場合があります。例えばログファイルやビルドシステムが自動生成するファイルなどはそれにあたるでしょう。.gitignoreというファイルを使うことでそれらインデックスに登録したくないファイルやディレクトリを指定することができます。

.gitignoreの書式

.gitignore自体は普通のテキストファイルです。ここにインデックスに登録したくないファイルやディレクトリを指定するのですが、1つずつ書かずとも正規表現を使って指定することができます。.gitignoreファイルは、リポジトリのルートディレクトリに置くか、特定のサブディレクトリに置いて利用することができます。

- #（ハッシュ記号）で始まる行はコメントとして扱われる
- 空行は無視される
- !（エクスクラメーション記号）で始まる行はパターンに該当しないものを表す
- /（スラッシュ記号）で終わる場合はディレクトリのみを表す
- /で始まる行はgitリポジトリのルートディレクトリからを表す
- 複数の条件にマッチするパターンがある場合は最後にマッチした条件が適用される

これらはglobパターンというシェルスクリプトなどで使われる簡易的な正規表現です。*（アスタリスク）はゼロ個以上の文字にマッチします。[a,b,c]は括弧内の任意の文字（この場合はa、b、cのいずれか）にマッチします。[0-9]のようにハイフン区切りの文字を角括弧で囲んだ形式は、2つの文字の間の任意の文字（この場合は0から9までの間の文字）にマッチします。アスタリスクを2つ続けてネストされたディレクトリにマッチさせることもできます。a/**/zのように書くとa/z、a/b/z、a/b/c/zなどにマッチします。

拡張子がlogというファイル全てを無視する場合には、以下のようになります。

```
# no .log files
*.log
```

libという名前のディレクトリを全て無視する設定は、以下のようになります。

```
# ignore all files in the lib/ directory
lib/
```

.gitignoreで指定する前にインデックス登録（git add）してしまったら

すでにインデックス登録してしまったファイルをインデックスから削除するには、git rm --cachedコマンドを実行します。以下はerror.logファイルをインデックスから削除するときの例です。

01

02

03

```
$ git rm --cached error.log
```

あるディレクトリ内にある全てのファイルを一括でインデックスから削除するには、-r オプションを付けます。以下は lib/ ディレクトリ以下を全てインデックスから削除するときの例です。

```
$git rm -r --cached lib/
```

--cached オプションを付けると物理ファイルそのものは削除されず、あくまでもインデックスからのみ削除されます。この状態で .gitignore に追加すると、物理ファイルはそのままに Git の管理下からのみ外すことができます。

COLUMN　.gitignore を自動生成するサービス

新規プロジェクトを作成するたびに .gitignore ファイルを手作業で書くのはとても大変です。記述漏れによって誤って大量のログファイルや設定ファイルをインデックス登録してしまっては目も当てられません。

gitignore.io は、さまざまなプロジェクトの環境やフレームワークに適したテンプレートを組み合わせて 1 つの .gitignore ファイルを生成してくれる Web サービスです。

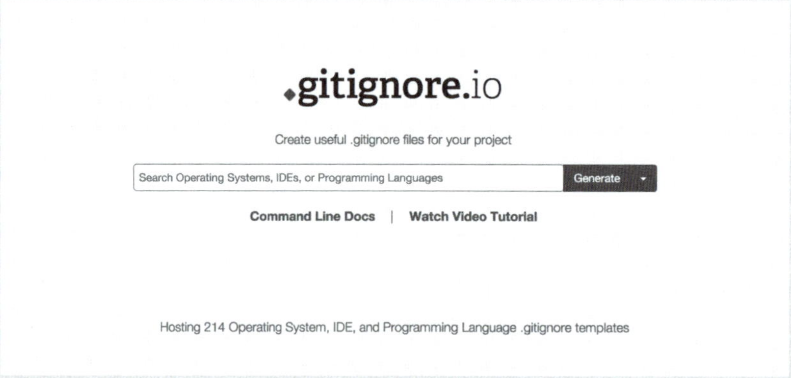

.gitignore.io - Create useful .gitignore files for your project

開発環境やフレームワークによって .gitignore に含めるべき項目は、ほとんどが決まっているようなものです。このような自動生成サービスを活用することで、毎回プロジェクトに合わせて 1 つ 1 つ設定する作業から解放されます。

.gitignore_global - 無視するファイルをシステム全体に設定する

お使いのパソコンが Mac OS X であれば、.DS_Store というファイルに見覚えはないでしょうか。テキストエディタに Vim や Emacs を使っていれば ~ で終わるファイル名を見たことがあるかと思います。これらのファイルはシステムによって自動的に生成される上にプロジェクトに直接関わるものではないため、全てのリポジトリにおいて常にその管理から含めないようにするべきです。しかし各プロジェクトの .gitignore に毎回これらを記述するのは手間です。そこでグローバルな .gitignore ファイルを設定することで、全てのリポジトリで一貫して無視するファイルを設定することができます。

ホームディレクトリ（Mac 環境は ~/、Windows 環境は %USERPROFILE%\）に .gitignore_global というファイルを作成します。そこに全てのプロジェクトで無視したいファイルやディレクトリを書き込みます。以下は、特定の開発環境に関わらずおよそ一般的に無視するであろうファイルを記述した例です。

```
#compiled source
###################
*.com
*.class
*.dll
*.exe
*.o
*.so

# Packages
############
# it's better to unpack these files and commit the raw source
# git has its own built in compression methods
*.7z
*.dmg
*.gz
*.iso
*.jar
*.rar
*.tar
*.zip

# Logs and databases
######################
*.log
*.sql
*.sqlite

# OS generated files
######################
.DS_Store
.DS_Store?
._*
.Spotlight-V100
.Trashes
ehthumbs.db
Thumbs.db
```

次にこの設定を有効化します。以下のコマンドを実行すると、以降はここで指定したファ

01

02

03

イルが無視されるようになります。

Mac の場合

```
$ git config --global core.excludesfile '~/.gitignore_global'
```

Windows の場合

```
$ git config --global core.excludesfile "%USERPROFILE%\.gitignore_global"
```


まとめ

以上で「Git とバージョン管理の基本」は終了です。この章でおさえておきたいポイントは、以下のとおりです。

- バージョン管理には、集中管理と分散管理があり、Git は分散管理型である
- Git には、ワーキングディレクトリ、ステージングエリア、リポジトリの３つのエリアがある
- ステージングエリアには git add で変更を追加し、git commit でコミットすることでリポジトリに束で変更履歴を記録する
- git log を使うことで履歴を確認できる
- ファイルの修正も、変更の追加の取り消しも、履歴の取り消しも、記録した履歴の修正も、後から行うことができる
- Git は自分好みにカスタマイズできる

Git の概念と、Git コマンドを用いたローカルにおける操作の基本を学んできました。以上により、Git コマンドの挙動を理解した上でローカルでの基本操作や履歴の訂正を行えるようになっていると思います。実際に自分でコマンドをいろいろ試しながら、読み返してみてください。

Chapter 02

チーム開発の効率的な設計・運用

Gitの醍醐味は、Gitのバージョン管理の手法が、チーム開発前提の全体に影響を与える点です。コマンドだけを学んでも、実際にどうチーム開発に用いればいいのかわからなくなるのが、次の大きな壁となります。この章では、チーム開発に必要となるGitの基礎的な概念を学び、実際のコマンドと概念がどのように結びついているかを知り、コマンドを用いて実際にチーム開発でバージョン管理運用を行うかを一緒に設計していきます。
最近のトレンドであるGitHubを用いた開発手法も紹介するので、この章を通してGitを用いたイマドキのチーム設計を自分で考えられるようになりましょう。

Chapter-02

01

チーム開発を知る

Git でチーム開発を効率よく行うには、「ブランチ」を使用したコード運用が欠かせません。ここではブランチを用いた開発の基本的な考え方を説明します。

チーム開発に必要な Git の概念を知る

実際の開発では次々とソースコードが更新されていきます。バージョン管理システムを用いることで、仮に更新されたソースコードにバグが含まれていた、追加した機能が不要になった、というような状況でも、その前のバージョンに戻したり、特定のコミットを取り消したりすることが可能となります。バージョン管理は個人で行う開発においても利点がありますが、チームで開発をする場合には、さらにその効果が顕著になります。

リモートリポジトリ

第 1 章での解説の通り、Git は分散管理システムです。分散であるがゆえ、コミットは、常にローカルリポジトリで行われます。今まで見てきたコミットも全て、ローカルリポジトリに対して行ってきました。同様に、開発に参加しているチームメンバーは全員、自分のローカルリポジトリで開発を進めることになります。では、自分の進捗を他の人に共有するにはどうすればいいのでしょうか？

リモートリポジトリは、チームメンバーあるいは不特定多数が同時に参照するリポジトリのことです。手元にあるリポジトリをローカルリポジトリ、自分の手元ではなく離れた場所（同一マシンの異なるディレクトリでもいい）にあり、他の人が参照できるリポジトリをリモートリポジトリと呼びます。

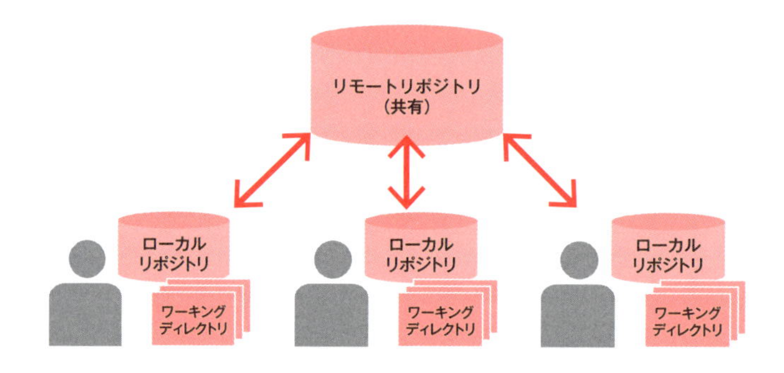

プッシュとフェッチ

ローカルリポジトリで行われたコミットは、プッシュという仕組みを利用して、リモートリポジトリにコピーされます。分散管理の性質の通り、ローカルリポジトリとリモートリポジトリは全く同一のリポジトリ内容が共有されます。

リモートリポジトリがプッシュによって更新されたとします。更新されたリモートリポジトリの内容は、フェッチという仕組みで各自のローカルリポジトリに取り込まれます。不特定多数の人が一度に同じプロジェクトに参加していても、リモートリポジトリの情報をフェッチによって取り込むことによってプロジェクトの最新の状態を知ることができます。例えば、あなたがリモートリポジトリにプッシュした内容を、A さんがフェッチすることによって、A さんはあなたの開発内容を知ることができます。

厳密には、プッシュの対象は、リポジトリではなく、ブランチという単位になります。まずは、ブランチについて見ていきましょう。

01

02

03

ブランチ

不特定多数で同時並行に開発していくと、1 つの開発履歴で作成を続けることが困難になります。例えば、新機能を 2 つ開発していて、1 つをリリース、1 つを継続的に開発する場合に、1 カ所でソースコードを管理してしまうと、1 つの機能が作成途中のままリリースされることになります。そんなときに有効なのがブランチです。

ブランチ（branch）は英語で「枝」という意味ですが、ブランチを使いこなすことにより、開発を分岐させることができるようになります。例えば、分岐しているコミット履歴があり、ブランチ 1 が分岐先のコミット B を参照、ブランチ 2 が分岐先のコミット C を参照していたとすると、いつでもそのコミット B かコミット C の好きなほうを、現在の先頭として開発を再開できることを意味しています。

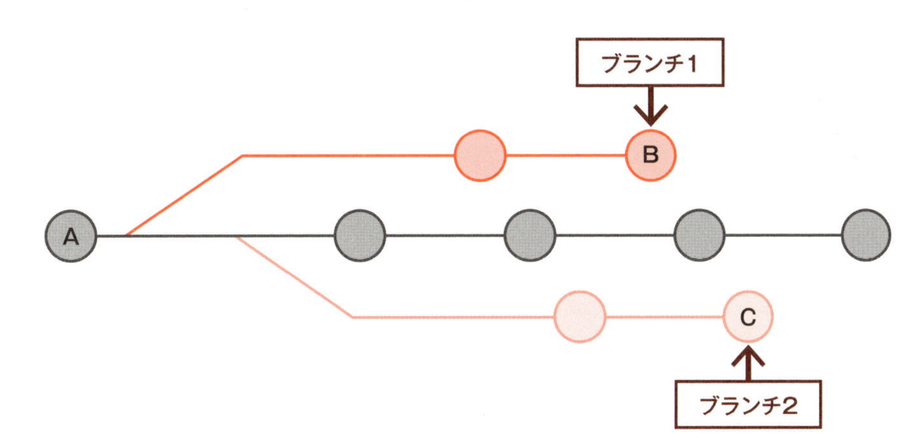

HEADとブランチとチェックアウト

もう少しブランチを深く理解するには、現在のリポジトリの位置を指すHEADを知る必要があります。HEADは、現在のリポジトリの先頭を指しているもので、インデックスとも呼ばれます。何も意識していなくても、HEADは常にリポジトリの先頭を指してくれます。HEADが指している状態のファイルの状態が、ワーキングディレクトリに書き出されているということになります。

HEADは、ブランチを参照しています。つまり、「コミットへの参照」（ブランチ）を参照しているものがHEADです。ブランチのことを意識していなくても、初めてのコミットの段階で、masterブランチが自動的に作成され、HEADは最初、masterブランチを参照しています。

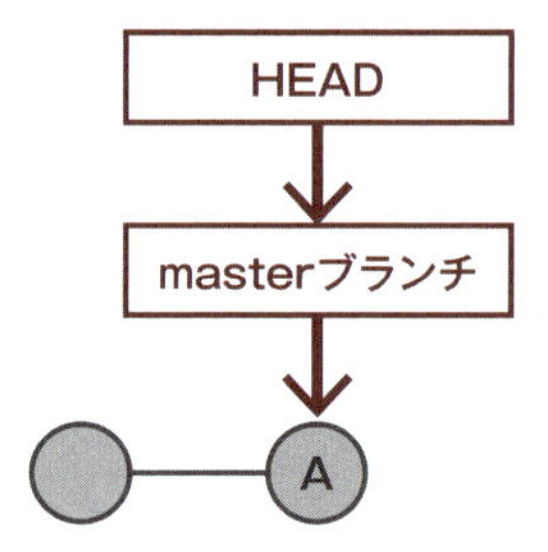

ブランチを切り替えると、HEADは切り替えたブランチを参照するようになります。これがブランチのチェックアウトです。例えば、先頭がコミットBであるブランチ1に切り替えた場合は以下のようになります。

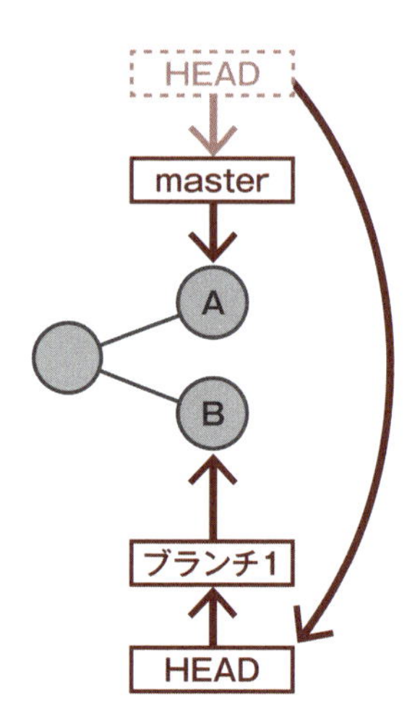

masterにブランチを戻すと先ほどの図の通り、HEADは再びmasterを指します。

コミットと HEAD とブランチ

分岐を学ぶために、コミットについて、もう少し学んでおきましょう。コミットを行うと、現在のコミットに子供となるコミットを作成し、そこに HEAD が指しているブランチを移動します。例えば、ブランチ 1 が指すコミット B でコミットを行うと、新規コミット D を作成し、HEAD が指しているブランチ 1 の参照をコミット D に変更します。

ブランチによる分岐

ブランチ 1 とブランチ 3 が、同じコミット D を指しているとします。現在のブランチは、ブランチ 1 です。つまり HEAD はブランチ 1 を参照しています。この状態で、コミットを行うと、コミット D の子コミット E が作成され、HEAD が指しているブランチ 1 の参照が、コミット E に移動します。ここで大切なのは、ブランチ 3 は、変わらずコミット D を指し続けているということです。

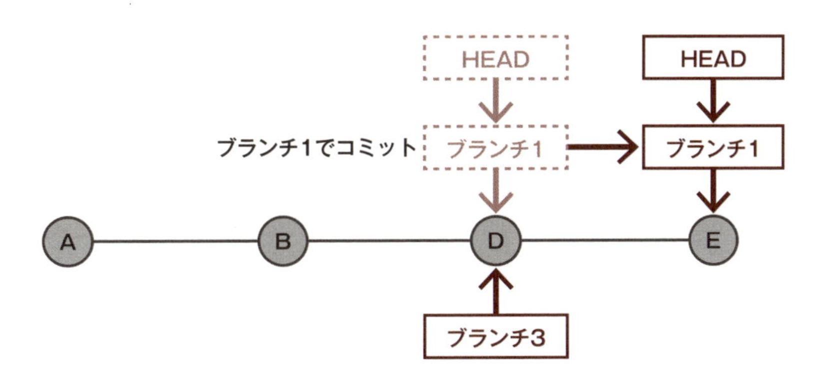

ここで、ブランチ 3 をチェックアウトして、コミットをしたとするとどうでしょうか？　コミット D は新しい子コミット F を作成します。コミットは、HEAD の現在の参照であるブランチ 3 をコミット F に移動します。

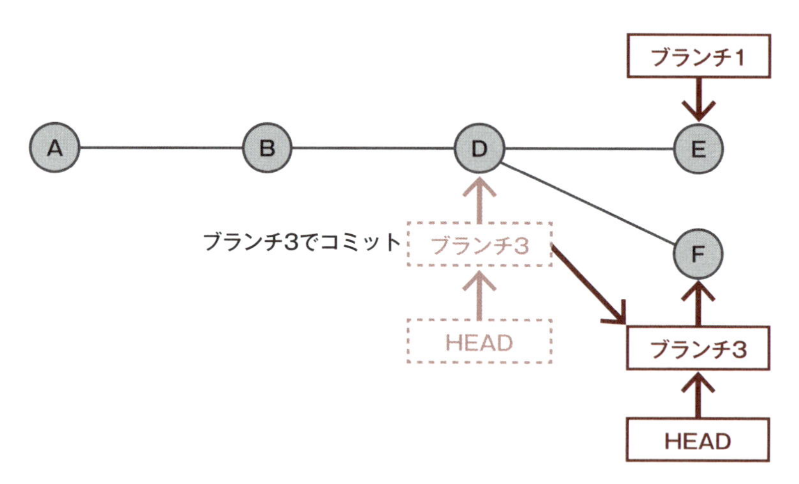

これがブランチを利用した、コミット履歴の分岐です。

なぜブランチを使ったコード運用がいいのか？

Git でブランチを用いることの 1 番のメリットは、各ブランチを起点に別々にコミットを作成し続け、結果的に、機能や意味の単位を分けて、各ブランチの先頭を参照することによって、個別にバージョン管理を行うことができる点です。

例えば、オープンソースのプロジェクトを想像してみてください。あるメンバーは機能追加を実装しています。また違うメンバーは現時点での発生している不具合の改善を行っています。このような場合、対処すべきトピックはまるで違います。仮にブランチが 1 つしか存在していない場合は、機能追加も不具合修正も、常に追加でコミットを作成し続けることになります。あるとき、機能追加を実施しているメンバーが、その機能は不要だと考え、今までの開発を取り消し元のバージョンに切り戻したいと考えたとします。しかし、分岐せずに、不具合を改善しているメンバーも同じブランチ上で開発を行っているため、機能開発のコミットだけを取り除くことが難しくなります。

このような場合、Git のブランチは強力な効果を発揮します。

機能追加と不具合改善、それぞれに対応するブランチを作成し、おのおののブランチでコミットとプッシュを進めていけば、リモートリポジトリから情報をフェッチするだけで進捗もお互いにわかり、個別にバージョン管理をすることができます。仮に機能追加が不要となった場合でも、機能追加のブランチを破棄するだけで、機能追加のコミットからの参照が外れ、作成元のブランチにも、不具合改善を行っているブランチにも全く影響なく開発を中断することができるようになります。またコミット履歴もブランチごとに独立しているため、関係のないトピックの履歴に影響されることなく、バージョンを管理できます。

マージ

各ブランチで開発が進んだら、各ブランチの開発内容を併合したいタイミングがやってきます。ここで利用するのが、マージです。マージ（merge）は、英語で「併合する」という意味で、その名の通り 2 つ以上のブランチの開発履歴を 1 つに束ねることができます。

ブランチとプッシュ

ローカルリポジトリで開発を進め、一段落したら開発中のブランチの内容を、リモートリポジトリに同期します。プッシュは、ローカルリポジトリで作成している全てのブランチの情報を伝えてしまうわけではなく、特定のブランチの情報を、リモートリポジトリの特定のブランチに同期します。

ブランチを指定してプッシュする仕組みによって、開発者はローカルリポジトリで好きなブランチを作成して開発を進めることができます。なぜなら、テンポラリで作成したブランチを開発者全員に見せる必要はなく、開発者全員で参照しているブランチにのみ、必要な情報を同期していけるからです。ローカルリポジトリで開発上の都合で作成した複数のブランチのマージを多用して、同期すべきブランチにまとめた上で、他の開発者が参照しているリモートリポジトリのブランチにプッシュして同期を行います。

プル

フェッチという仕組みによって、リモートリポジトリの最新情報を知ることはできるのですが、リモートで進んでいる開発をローカルリポジトリに取り込むためには、フェッチした情報を元に、ローカルリポジトリのブランチへマージが必要となります。リモートから各ブランチの最新の情報をフェッチし、ローカルリポジトリの特定ブランチへマージする２つの作業を束ねているのが、プルです。pull とは英語で引っ張るという意味があり、リモート上の変更をローカルへ引っ張ってくるというイメージです。

ブランチを用いたチーム開発の流れを知る

ブランチを用いたチーム開発の流れは基本的には以下のようになります。それぞれ順番に説明していきます。

1. メインブランチからトピックブランチを作成する
2. 機能実装を行い、コミットする
3. 定期的にトピックブランチをリモートリポジトリにプッシュする
4. 定期的にメインブランチの内容をフェッチしてローカルリポジトリにマージする
5. トピックブランチをメインブランチにマージする
6. リモートリポジトリのメインブランチにプッシュする

1. メインブランチからトピックブランチを作成する

トピックブランチとは、１つのトピックに絞った開発を行うためのブランチです。１つの機能や１つのバグ修正など、粒度はさまざまですが、トピックとしては必ず１つです。一方で、メインブランチとは、開発の中で中心となっているブランチで、プロジェクトメンバーの大多数が参照しているブランチを指します。トピックブランチの作成は、メインブランチのきりのいいところから行われます。大抵は、メインブランチの先頭となります。例えばmasterブランチに対してある機能を追加したいと考えた場合は、masterブランチからトピックブランチを作成します。ブランチの作成方法については後述します。

2. 機能実装を行いコミットする

実際に開発を行って、ローカルリポジトリのトピックブランチにて、コミットを繰り返します。トピックブランチの指す先頭のコミットに、コミットが追加され続け、トピックブランチが目的としているトピックについての開発履歴が作り上げられていきます。

3. 定期的にトピックブランチをリモートリポジトリにプッシュする

ローカルリポジトリの開発内容は、他のチームメンバーからは見えなくなります。定期的にリモートリポジトリのトピックブランチに最新の状態をプッシュし、メンバーに見てもらいながら進めましょう。確認してもらう方法は、プルリクエストやコードレビューなどさまざまですが、ツールの有無に関わらずチームメンバーにはオープンであるべきです。

4. 定期的にメインブランチの内容をフェッチする

ローカルリポジトリのトピックブランチは、メインブランチの特定のコミットから分岐しているため、メインブランチで進んでいる開発内容とは一見無関係です。しかし、チーム開発では、少なくともメインブランチで何が起きているか、自分の作成している内容と競合する内容がないかは、定期的に確認したほうがいいでしょう。そのため、定期的にメインブランチの内容をフェッチしてマージ、もしくは、プル（フェッチ＋自動マージ）して更新しておきます。

5. トピックブランチをメインブランチにマージする

トピックブランチの開発が落ち着いた、もしくは、レビューを通ったなどで一区切りが付いたら、トピックブランチをメインブランチにマージを行います。マージの前に、メインブランチを最新の状態に、フェッチ＋マージかプルをしておいてから、トピックブランチをマージします。

6. リモートリポジトリのメインブランチにプッシュする

マージが無事に完了したら、リモートリポジトリのメインブランチにプッシュします。これで、全員がトピックブランチの取り込まれたメインブランチを参照することができるようになります。

以上がチーム開発におけるブランチ運用の基本的な流れです。実際の開発現場ではこのような基本の運用だけではうまくいかない場合が多く、さらに複雑な運用方法を設計する必要があります。ブランチ運用の設計についてはこの章の中でさらに詳しく説明します。

Chapter-02

02 チーム開発を実践する

ここではコマンドを用いて実際にチーム開発を実践してみます。ブランチの作成とチェックアウトによるブランチの切り替えを学んでから、リモートリポジトリとローカルディレクトリの同期について実際のコマンドを見ながら学んでいきます。

git branch を利用してブランチを管理する

チーム開発の基本は、ブランチを利用しての運用です。git branch はブランチの作成、一覧表示、名前変更、削除を行うことができます。git branch にはブランチを切り替えや他のブランチに結合する機能がありません。そのため、git checkout や git merge コマンドと併用されるのが一般的です。

ブランチの一覧表示

まずはリポジトリ内のブランチ一覧を表示してみましょう。以下のコマンドを実行すると作成済みブランチが一覧で表示されます。

```
$ git branch
* master
```

master というブランチ名が表示されました。先頭に付いている * は現在選択（チェックアウト）されているブランチ、正確には HEAD が参照しているブランチ名を示しています。ブランチが複数ある場合は以下のように表示されます。

```
* master
branch_name_1
branch_name_2
```

ブランチの作成

それでは development という名前のブランチを新規に作ってみましょう。git branch コマンドの後に、作成するブランチ名を入力して実行します。

development ブランチの作成

```
#development ブランチの作成
$ git branch development
```

development という名前のブランチが作成されました。新しいブランチは、「現在 HEAD が指しているブランチが参照しているコミット」に対しての新しい参照として作ら

01
02
03

れます。また、この時点では、新たにブランチが作成されただけで、ブランチへのチェックアウトは行われません。

ブランチの名前変更

ブランチ名をdevelopに変更してみましょう。名前変更はチェックアウトしているブランチに対して行うため、developmentブランチにチェックアウトしてから行います。名前変更は-mオプションを付けて変更したい名前を入力します。

ブランチ名の変更

```
#developmentブランチへの切り替え
$ git checkout development
Switched to branch 'development'
#ブランチの名称の変更
$ git branch -m develop
```

このとき、ブランチの一覧を見ると以下のようになっています。

ブランチの一覧

```
$ git branch
* develop
  master
```

ブランチの削除

作ったばかりのブランチですが、ひとまず削除してしまいましょう。削除するには-dオプションを付けてブランチ名を指定します。

```
$ git branch -d develop
```

削除するブランチが参照しているコミット履歴にマージされていない変更（コミット）が残っている場合はGitが削除を拒否するため、誤ってマージしていないものを削除してコミットを見失うのを未然に防ぐことができます。また、チェックアウト中のブランチは削除できないため、指定のブランチにチェックアウトしている場合は他のブランチにチェックアウトしてから行います。

マージされていない変更があるブランチを強制的に削除したい場合は-Dオプションを付けて実行します。

```
$ git branch -D develop
```

このコマンドを実行するとブランチのステータスとは関係なく削除されます。

◯git log とブランチ

ブランチを切り替えるとコミット履歴が異なって見えることを実践して体感しておきましょう。まずは、テストのための準備をします。

準備

```
# ディレクトリの作成
$ mkdir log_test
$ cd log_test
# ローカルリポジトリの初期化
$ git init
Initialized empty Git repository in /workspace/log_test/.git/
```

01

02

03

ブランチの一覧を表示してみます。

```
$ git branch
```

この段階では、master ブランチも存在しないことがわかります。では、早速 1 ファイル追加してコミットし、master ブランチの作成を確認します。

ファイルの追加

```
# ファイルの作成
$ echo "hello" > README.md
$ git add README.md
# コミット
$ git commit -m "initial commit"
[master (root-commit) 4a0d45c] initial commit
 1 file changed, 1 insertion(+)
 create mode 100644 README.md
# ブランチの確認
$ git branch
* master
```

master ブランチのコミットができました。続いて、"initial commit" への参照として新たに develop ブランチを作成しておきます。

develop ブランチの作成

```
#develop ブランチを作成
$ git branch develop
# ブランチの確認
$ git branch
  develop
* master
```

developブランチができたので、masterの開発を進めます。ここでは、1.txtを作成してコミットするだけです。

masterブランチで新規コミット

```
$ echo "for master" > 1.txt
$ git add 1.txt
$ git commit -m "adding 1.txt"
[master 835863d] adding 1.txt
 1 file changed, 1 insertion(+)
 create mode 100644 1.txt
```


masterブランチが指しているコミットから履歴をたどると以下のようになっています。

masterの参照からコミット履歴をたどる

```
#masterの参照からコミット履歴をたどる
$ git log --oneline
835863d adding 1.txt
4a0d45c initial commit
```

この時点で、developブランチの参照先は、コミットメッセージが"4a0d45c initial commit"となっています。

developブランチの参照からコミット履歴をたどる

```
#developブランチの参照からコミット履歴をたどる
$ git log --oneline develop
4a0d45c initial commit
```

前説での解説の通り、コミットの性質は、新しい子コミットを作成し、現在のHEADが参照している参照（ブランチ）を新しい子コミットに移動する、というものでした。masterが指していた4a0d45cでは、一度コミットを行い835863dを作成してmasterブランチをその位置までずらしています。developブランチにチェックアウトすると、HEADの参照はdevelopブランチを指します。結果的に、チェックアウト後に参照されるコミットは、4a0d45cとなります。

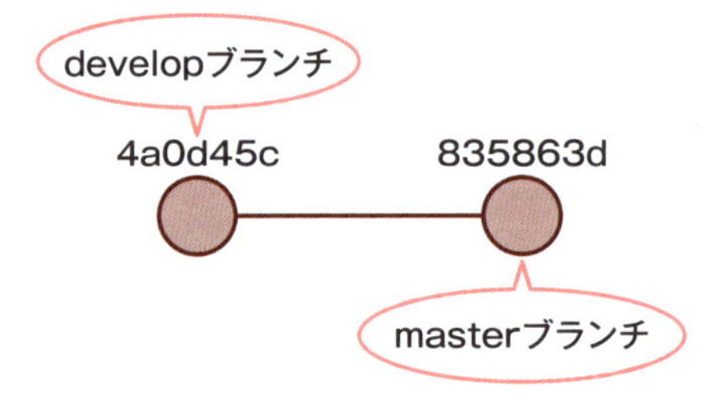

先ほどに続き、再び4a0d45cの位置で新規コミットを行うと、コミットの性質通り、

835863d とは異なる別の新しい子コミットが作成され、develop はその新しいコミットに参照を移動するはずです。やってみましょう。

develop ブランチで新規コミット

```
#develop ブランチをチェックアウト
$ git checkout develop
Switched to branch 'develop'
#ファイルの追加
$ echo "for develop" > 2.txt
#新規コミット
$ git add 2.txt
$ git commit -m "adding 2.txt"
[develop 274a991] adding 2.txt
 1 file changed, 1 insertion(+)
 create mode 100644 2.txt
```

新規コミット後、develop ブランチが参照しているコミットからたどったコミット履歴は、以下のようになります。

develop ブランチの参照からコミット履歴をたどる

```
#develop ブランチの参照からコミット履歴をたどる
$ git log --oneline
274a991 adding 2.txt
4a0d45c initial commit
```

新規に 274a991 というコミットが作成され、develop の参照が 274a991 に移動しています。

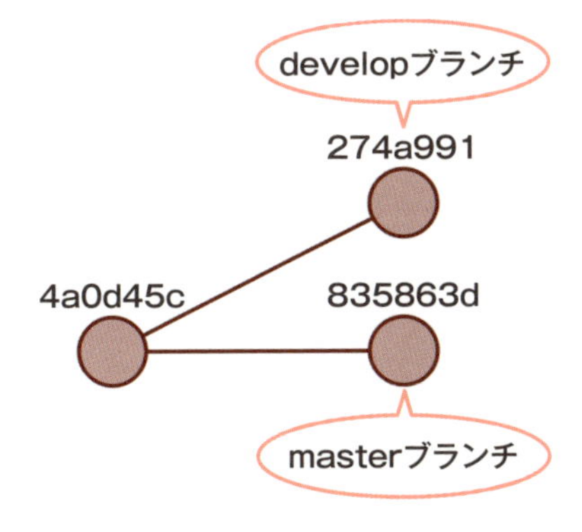

master ブランチの参照からコミット履歴をたどった場合と比較してみましょう。

01

02

03

master ブランチと develop ブランチそれぞれの参照からコミット履歴をたどる

```
#master ブランチと develop ブランチそれぞれの参照からコミット履歴をたどる
$ git log --graph --pretty=format:"%h %s" master develop
* 274a991 adding 2.txt
| * 835863d adding 1.txt
|/
* 4a0d45c initial commit
```

見てください！ master と develop、それぞれのブランチが参照しているコミットからたどると、4a0d45c で共通の祖先として合流します。親から子供へたどって見ると、4a0d45c を起点に履歴が分岐させることができています。

ブランチの参照が異なる先頭（子孫）を指すことによって、ブランチ単位で全く異なるコミット履歴をたどることができるようになります。これによって、人間がわかりやすい単位で、ブランチを作ったり、ブランチによる参照を消して特定のコミットからの履歴をたどれなくしたり、ブランチの参照を別のコミットに移動してコミット履歴を改変しているように見せたりすることができます。これがブランチの機能です。

以上で、ローカルリポジトリにおける、ブランチの管理が行えるようになりました。ここからは、リモートリポジトリを絡めて、リポジトリやブランチの同期の方法を見ていきます。

GitHub でリポジトリを作成する

リモートリポジトリはローカルの PC のローカルリポジトリとは別のディレクトリにも作成することができますが、今回はチーム開発らしさを体験できるよう、GitHub にアカウントを作成して、リモートリポジトリを作成し、それを利用しながらリモートリポジトリとの作業を具体的に見ていきましょう。

GitHub アカウントを作成する

GitHub の公式サイト「https://github.com」にアクセスします。

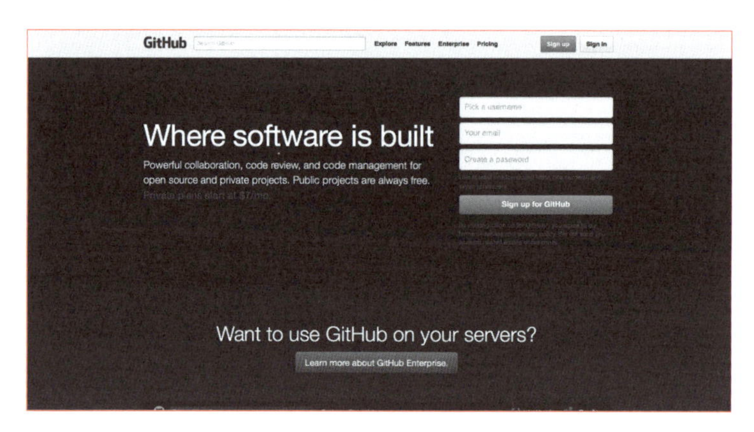

"Pick a username" に名前を、"Your email" にメールアドレスを、"Create a password" にパスワードを入力して、"Sign up for GitHub" を押します。すると、入力したメールアドレスに "[GitHub] Please verify your email address." というタイトルのメールが GitHub から送られてきます。確認のためのボタンが付いているので、"Verify email address" を押せば、登録完了です。

GitHub にリポジトリを作成する

GitHub に先ほど登録したアドレスを入力してサインインすると、トップ画面が変わります。

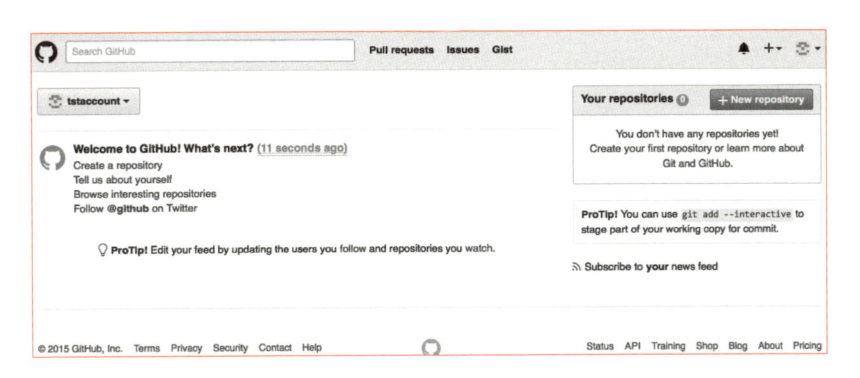

一番右上にあるアイコンは、自分のプロフィールの設定をしたり、自分の統計情報を見たりするリンクです。その 1 つ左にある「＋」アイコンに注目してください。マウスカーソルをのせると、"Create new..." と表示されます。「＋」アイコンを押すと、"New Repository" というメニューがあるので、選択します。

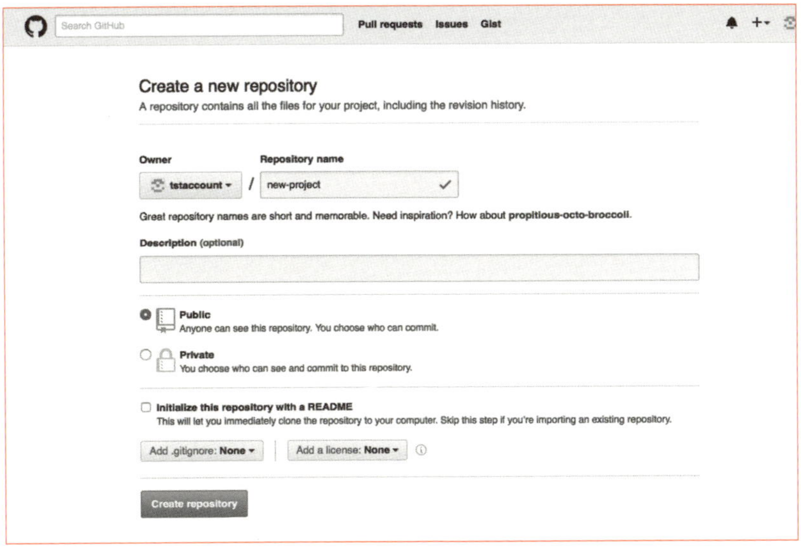

Owner に自分の名前が入っていることを確認してください。「Repository name」にリモートリポジトリにしたい名前を付けます。今回は、「new-project」と名付けましょう。「Public」と「Private」の選択肢は、世の中に公開するか、自分あるいは指定した人だけ閲覧できる

ようにするかの選択ですが、今回は「Public」を選択します。「Private」を選択したい人は、アカウントのアップグレード（有料）が必要となります。

最後に、「Initialize this repository with a README」のチェックボックスですが、リポジトリの作成時にREADMEファイルを作成するかどうかの選択となります。この選択をすることで、GitHubで作成したリポジトリを即座に手持ちのPCに同期して開発を始められるようになります。ここでは、チェックを入れないまま進みましょう。

そして、"Create repository"を押せば、リポジトリの作成が完了です。おめでとうございます！

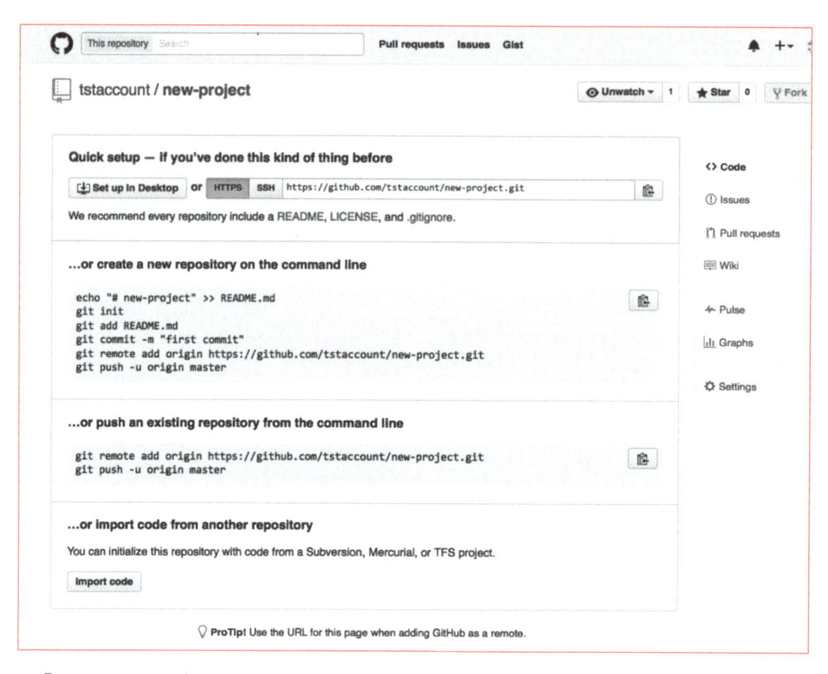

「Quick setup」の欄にURLが表示されているのがわかりますか？

new-project の URL

```
https://github.com/<あなたのアカウント>/new-project.git
```

このURLを利用して、手元のPCのGitをセットアップして、リモートリポジトリを使っていきます。

2種類のリモートリポジトリのセットアップ

Gitのリモートリポジトリを利用しての開発の開始方法には2通りあります。

- リモートリポジトリの内容をローカルリポジトリに同期して開発を始める
- ローカルリポジトリの内容を空のリモートリポジトリに同期して開発を始める

多くのケースでは、すでにリモートリポジトリで開発が進んだプロジェクトに参加するため、前者の「リモートリポジトリの内容をローカルリポジトリに同期して開発を始める」パターンになると思います。しかし、自分がプロジェクトを立ち上げて、チームを立ち上げようと思うと、手元でこつこつ作ってきたプロトタイプを元に、チームメンバーにソースコードをシェアしてから開始したいと思うでしょう。そのときは、後者の「ローカルリポジトリの内容を空のリモートリポジトリに同期して開発を始める」ことが有効となります。いずれも、リモート側でリモートリポジトリを作成しないことには始まりません。

まずは、後者の、Git 管理以前からの既存プロジェクトを、新規に作成した空のリモートリポジトリに同期して開発を始めることを実践していきましょう。

git remote —— ローカルリポジトリの内容で空のリモートリポジトリをセットアップ

ローカルリポジトリにある既存プロジェクトをリモートリポジトリと同期するには、ローカルリポジトリにリモートリポジトリがどこにあるのかを設定する必要があります。これを実際に行うのが git remote コマンドです。

git remote では、リモートリポジトリに関する設定を行います。

remote コマンド

```
$ git remote add origin https://github.com/<あなたのアカウント>/new-project.git
```

git remote add コマンドを用いると、リモートリポジトリの URL に名前を付け、リモートリポジトリがどこかを記憶させておくことができます。上記では、origin という名前で、(git@github.com:< あなたのアカウント >/new-project.git) という URL のリモートリポジトリを記憶させています。

GitHub をリモートリポジトリとして用いる際は、(https://github.com) という `https` プロトコルを用いた URL 形式と、(git@github.com) という Git 固有の URL 形式の 2 つを使うことができます。後者を使うには、事前に SSH の Public key を GitHub へ登録しておく必要があります。

git remote add コマンドは、リモートリポジトリへアップロードする際毎回必要なわけではなく、一度 Git に設定すれば、その後はリモートリポジトリがどこなのか覚えておいてくれます。今回はリモートリポジトリに origin という名前を付けているので、設定後のあらゆる Git コマンドでは、リモートリポジトリとして origin を指定することになります。

git push —— リモートリポジトリに同期する

Git 利用開始前からの既存のプロジェクトでは、ローカルリポジトリ作成時点で開発が進んでいるはずなので、開発内容を設定済みのリモートリポジトリに同期する必要があります。そのときに用いるのが、git push コマンドです。このコマンドを使って、プッシュを行い、ローカルリポジトリのブランチの内容を、リモートリポジトリの特定のブランチへ同期します。

例としてテキストを1つ作成し、git push してみます。

push コマンド

```
# テキストの作成
$ echo "hello" > hello.txt
# ローカルリポジトリへの登録（既存プロジェクトの代わり）
$ git add hello.txt
$ git commit -m "first commit"
[master (root-commit) 12b0acf] first commit
 1 file changed, 1 insertion(+)
 create mode 100644 hello.txt

# リモートリポジトリ origin の master ブランチへ現在のブランチを同期する
$ git push -u origin master
Counting objects: 3, done.
Writing objects: 100% (3/3), 227 bytes | 0 bytes/s, done.
Total 3 (delta 0), reused 0 (delta 0)
To https://github.com/<あなたのアカウント>/new-project.git
 * [new branch]      master -> master
Branch master set up to track remote branch master from origin.
```

上記でリモートリポジトリへのプッシュが完了しました。実際に GitHub 上の "Code" を選んで、ローカルリポジトリでの作業が同期されたことを確認してみてください。

追跡ブランチ

毎回、origin のようにリモートリポジトリとブランチ名を設定するのは面倒なので、現在のローカルリポジトリの既存ブランチから、リモートリポジトリの特定のブランチの追跡ブランチとして設定し、以降入力を省略して利用する方法があります。

upstream の設定

```
# 現在のブランチをリモートリポジトリ origin の master ブランチの追跡ブランチとする
$ git push --set-upstream origin master
Branch master set up to track remote branch master from origin.
Everything up-to-date
```

以降、master ブランチからのプッシュ時に、git push コマンドへの引数が不要となります。

upstream 設定後の push

```
$ git push
Everything up-to-date
```

既存のブランチに対する、追跡ブランチの設定は以上のように行います。

新規にリモートリポジトリの追跡ブランチをローカルリポジトリに作成する場合は、git checkout を利用して、以下のように設定します。この段階でリモートリポジトリに、new_feature ブランチは存在しないので成功しませんが、チームメンバーによってリモートリポジトリに新しいブランチ new_feature が増えているものと仮定してください。

checkout を利用してリモートリポジトリの追跡ブランチを設定

```
# origin の new_feature ブランチの追跡ブランチ new_feature をローカルリポジトリに作成
$ git checkout -b new_feature origin/new_feature
```

ローカルリポジトリの new_feature ブランチでは、上記と同様に、git push コマンドのみで、リモートリポジトリの new_feature ブランチと同期することができます。

git clone —— リモートリポジトリの内容からローカルリポジトリにセットアップ

ここまで Git 管理を始める前からの既存のプロジェクトを使って、どのようにリモートリポジトリを作成するかを見てきました。では、2 つ目の方法として、すでに Git で管理されたリモートリポジトリで開発が進んでおり、リモートリポジトリを利用しての開発に参加するためには、どうしたらいいでしょうか？

git clone を使うと、現在のリモートリポジトリの内容を元に、手元にローカルリポジトリを作成することができます。ここで利用するのは、先ほど git remote で設定した URL と全く同じ、リモートリポジトリの URL となります。

URL

```
#new-project の URL
https://github.com/< あなたのアカウント >/new-project.git
```

では、実際に git clone で手元にローカルリポジトリを作成してみます。実行したディレクトリにローカルリポジトリが作成されるので、今までとは異なるディレクトリで作業してください。

リモートリポジトリからローカルリポジトリの作成

```
$ git clone https://github.com/< あなたのアカウント >/new-project.git
Cloning into 'new-project'...
remote: Counting objects: 3, done.
remote: Total 3 (delta 0), reused 3 (delta 0), pack-reused 0
Unpacking objects: 100% (3/3), done.
Checking connectivity... done.

# clone 後 new-project というディレクトリが作成されています
$ cd new-project
```

```
$ ls
hello.txt
```

これでリモートリポジトリで開発が進んでいるコードがあっても、開発に途中参加できますね。

git clone をすることで、リモートリポジトリを文字通りクローンすることができました。この仕組みを使うことで、他のメンバーも同様にコミットしたり、さらにプッシュしたりと開発に参加することができます。開発を進めていくうちに、さらにメンバーが増えた場合でも同じようにクローンすることで、どのタイミングであっても開発に加わることができます。

○git fetch —— リモートリポジトリの最新情報を手に入れる

リモートリポジトリはチームメンバーがプッシュを繰り返すため、常に情報が更新されていきます。そのため、定期的にリモートリポジトリの新しい情報を入手する必要があります。

複数人での開発をイメージするために、先ほど作成した new-project のクローンと同じディレクトリに、new-project-dev としてもう 1 つクローンを作成します。new-project-dev 側で開発を進めてプッシュして、new-project で最新情報を入手してみましょう。

環境設定

```
#クローン前のディレクトリの状態
$ ls
new-project
#new-project-dev としてもう 1 つクローンを作成
$ git clone https://github.com/<あなたのアカウント>/new-project.git new-
project-dev
Cloning into 'new-project-dev'...
remote: Counting objects: 3, done.
remote: Total 3 (delta 0), reused 3 (delta 0), pack-reused 0
Unpacking objects: 100% (3/3), done.
Checking connectivity... done.
#クローン後のディレクトリの状態
$ ls
new-project    new-project-dev
```

new-project-dev ディレクトリができて、リモートリポジトリからクローンが作成されました。では、ローカルリポジトリ new-project-dev にて開発を進めます。

new-project-dev リポジトリで開発を進める

```
#new-project-dev リポジトリへ移動
$ cd new-project-dev/
```

```
# 新規開発とコミット
$ echo "great feature" > feature.txt
$ git add feature.txt
$ git commit -m "adding new feature"
[master 8984775] adding new feature
 1 file changed, 1 insertion(+)
 create mode 100644 feature.txt
# リモートリポジトリへ同期
$ git push
Counting objects: 3, done.
Delta compression using up to 4 threads.
Compressing objects: 100% (2/2), done.
Writing objects: 100% (3/3), 302 bytes | 0 bytes/s, done.
Total 3 (delta 0), reused 0 (delta 0)
To https://github.com/<あなたのアカウント>/new-project.git
   12b0acf..8984775  master -> master
```

さて、ローカルリポジトリ new-project から見ると、リモートリポジトリが進んでしまったことになります。リモートリポジトリの最新の情報を git fetch を利用して取り込んでみましょう。

fetch してリモートリポジトリの最新情報を取り込む

```
#new-project リポジトリへの移動
$ cd ..
$ cd new-project
# リモートリポジトリの情報を取得
$ git fetch
remote: Counting objects: 3, done.
remote: Compressing objects: 100% (2/2), done.
remote: Total 3 (delta 0), reused 3 (delta 0), pack-reused 0
Unpacking objects: 100% (3/3), done.
From https://github.com/<あなたのアカウント>/new-project
   12b0acf..8984775  master     -> origin/master
# ローカルリポジトリの状態を確認
$ git status
On branch master
Your branch is behind 'origin/master' by 1 commit, and can be fast-
forwarded.
  (use "git pull" to update your local branch)
nothing to commit, working directory clean
```

git fetch の実行後、git status を見てみると、リモートリポジトリ origin の master ブランチより 1 コミット分遅れているよというメッセージが表示されています。「Your branch is behind 'origin/master' by 1 commit」の部分です。

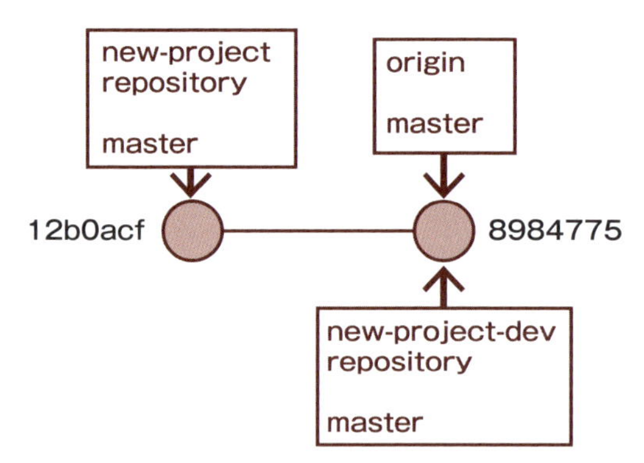

new-project は 1 コミット分遅れている

ローカルリポジトリの master ブランチからたどったコミット履歴は以下の通りです。

ローカルリポジトリの master ブランチからの履歴

```
# ローカルリポジトリの master ブランチからの履歴
$ git log master --oneline
12b0acf first commit
```

リモートリポジトリ origin の master ブランチにある新しい変更を確認します。確認するためには、ローカルリポジトリ上にある、リモート origin の master の追跡ブランチ、origin/master が git fetch によって更新されているので、追跡ブランチ origin/master の参照からコミット履歴をたどります。

リモートリポジトリの変更を確認

```
#origin の master 追跡ブランチの参照からコミット履歴をたどる
$ git log origin/master --oneline
8984775 adding new feature
12b0acf first commit
```

8984775 のコミットが新しいようです。ローカルリポジトリの master ブランチと、リモートリポジトリの master とのコミット履歴の差分を確認したい場合には、git diff を使って、master ブランチと、追跡ブランチ origin/master を比較します。

リモートリポジトリとの比較

```
# ローカルリポジトリの master ブランチと追跡ブランチ origin/master との比較
$ git diff master origin/master
diff --git a/feature.txt b/feature.txt
new file mode 100644
index 0000000..7adbc3d
--- /dev/null
+++ b/feature.txt
@@ -0,0 +1 @@
+great feature
```

結果、feature.txt が新しく追加されていることがわかりました。このような、リモートリポジトリのとの情報を入手し、ローカルリポジトリの情報と比較することができるようになりました。

明示的に全ブランチの最新情報を取得する場合は、--all オプションを利用します。

リモートから全てのブランチの情報を入手する

```
# リモートから全てのブランチの情報を入手する
$ git fetch --all
```


ここまでで、リモートリポジトリの最新情報は確認することができました。しかし、更新情報は入手したものの、まだリモートリポジトリの変更内容は取り込めていません。

git merge —— リモートリポジトリの変更内容を取り込む

git fetch でリモートリポジトリの情報で追跡ブランチの内容を更新してきました。更新された追跡ブランチからローカルリポジトリのブランチへ変更内容を取り込むには、git merge コマンドを利用してマージを行うことで変更内容を取り込みます。

今回の例では、origin/master 追跡ブランチから、master ブランチへのマージとなります。

追跡ブランチからの取り込み

```
# 現在のブランチを確認
$ git branch
* master
# 追跡ブランチからマージして取り込み
$ git merge origin/master
Updating 12b0acf..8984775
Fast-forward
 feature.txt | 1 +
 1 file changed, 1 insertion(+)
 create mode 100644 feature.txt
```

追跡ブランチ origin/master から、master ブランチへマージを行うことによって、feature.txt が作成されました。master ブランチの参照も移動していそうです。

master ブランチの参照からコミット履歴をたどる

```
#master ブランチの参照からコミット履歴をたどる
$ git log --oneline
8984775 adding new feature
12b0acf first commit
```

無事にリモートリポジトリで1つ進んでいたコミット8984775が取り込まれ、masterブランチの参照が、8984775に移動しています。これでリモートリポジトリからの最新情報の取り込みと、ローカルリポジトリへの反映が完了しました。

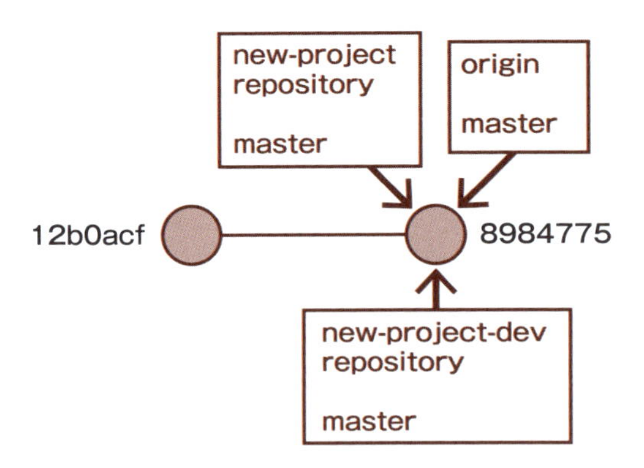

git pull —— リモートの変更内容を直接ローカルリポジトリに取り込む

追跡ブランチを設定してあれば、さらに便利にリモートリポジトリを取得可能なgit pullというコマンドが使えます。git pullは「プル」と呼ばれる処理、つまりリモートリポジトリのブランチの変更差分を、直接ローカルリポジトリのブランチへ取り込みます。

具体的には、ローカルリポジトリで現在HEADが参照しているブランチの追跡ブランチを、リモートリポジトリからgit fetchして更新し、追跡ブランチの内容をHEADが参照しているブランチに自動でマージします。

プルの実行

```
# リモートリポジトリのブランチの変更差分を直接取り込み
$ git pull
```

一見、非常に便利なコマンドです。しかし、マージについて考えてみましょう。ローカルリポジトリのブランチで編集中のファイルが、他のチームメンバーによって編集され、このブランチにプッシュされていたらどうでしょうか？　コンフリクトが発生してマージは失敗し、結果プルは失敗します。

また、リモートリポジトリでコミットが進み、ローカルリポジトリのブランチのコミット履歴と分岐していたとしたら？　マージコマンドは、マージコミットと呼ばれるコミットを自動生成し分岐を束ねようとします。つまり、入れた覚えのないコミットが自動で増えることになります（もちろん、マージコミット自体が悪いわけではなく、ここでは作業者本人が自覚してないコミットであること自体が問題です）。

さらに、プルの思わぬ失敗によって、プルの自動処理を中断されると、git fetchやgit mergeのどの段階まで自動で進めてくれたのかを調べながらワーキングディレクトリの状態を修正していくことになります。

いずれも、git fetch して git status や git diff を見て事前に確認することで、事前に問題を把握し、回避する手段が Git にはあります。しかし、git pull の実行はこういった事前確認や、内容を理解しないままで、自動的に git fetch と git merge が自動実行されてしまうため、誰も気付かないコミットや問題が紛れ込む可能性があります。

開発するチームメンバー全員で、よく利用方法を考えて用いる必要があります。

COLUMN　git init --bare でワーキングディレクトリを持たないリポジトリを作成する

リモートリポジトリをコマンドラインで初期化するには、git init に、--bare を付けて実行します。bare リポジトリは、ワーキングディレクトリを持たないリポジトリです。ワーキングディレクトリを持たない理由は、不特定多数が同時にプッシュしてリポジトリを更新したとしても、問題が起きないようにするためです。不特定多数が同時にプッシュ可能なリポジトリにワーキングディレクトリが存在した場合、編集中のファイルがプッシュによって更新されたり、削除されたり、思ってもみない食い違いが生まれる可能性があります。このため、ワーキングディレクトリがなく、管理ファイルのみを扱う bare リポジトリが、リモートリポジトリとして活用されます。

git blame —— 誰がいつ書いたコードかを調べる

チーム開発を行っていると、誰かが作成したソースコードにバグが混入していることに気付いたり、意図のわからない処理が記載されていたりすることがよくあります。そんなときに対象のソースコードの該当の場所に変更を加えたのが誰かを特定するために用いられることがあるのが、git blame コマンドです。git blame < ファイル名 > という形で使用することで、対象のファイルを、行ごとに誰がいつ記載したのかを調べることができます。

blame の実行

```
#blame で誰がいつ変更したのかを行単位で調べる
$ git blame feature.txt
8984775f (Seigo Kawamura 2015-09-24 00:10:34 +0900 1) great feature
```

git stash —— 作業途中でもブランチを切り替えられる

git checkout コマンドでブランチを切り替える際、もしコミットしていない変更が現在のブランチに存在していた場合、エラーが発生します。例えば、先ほどの new-project の test_branch を作成し、コミット履歴を 1 つ進めた上で、feature.txt にさらに変更を加えます。編集中で、コミットしないまま master ブランチを切り替えようとしたとします。

チェックアウトのエラー

```
#ブランチの作成
$ git branch test_branch
#チェックアウト
$ git checkout test_branch
Switched to branch 'test_branch'
#1つコミットを進める
$ echo "test" > hello.txt
$ git add hello.txt
$ git commit -m "test"
[test_branch f181fc8] test
 1 file changed, 1 insertion(+), 1 deletion(-)
#さらにファイルを編集
$ echo "alert" > hello.txt

#編集中にmasterに切り替えようとするとエラー
$ git checkout master
error: Your local changes to the following files would be overwritten by
checkout:
    hello.txt
Please, commit your changes or stash them before you can switch branches.
Aborting
```

master ブランチと test_branch の両方のブランチに歴史の異なる hello.txt があるため、上書きが警告されて、上記のようにブランチを切り替えることができません。

こんなときに便利なのが、git stash コマンドです。試しに先ほどの続きから git stash コマンドを実行した上で、git status で状態を確認してみてください。

stash の実行とステータス

```
#stashの実行
$ git stash
Saved working directory and index state WIP on test_branch: f181fc8 test
HEAD is now at f181fc8 test
#ステータスの確認
$ git status
On branch test_branch
nothing to commit, working directory clean
```

このような、git stash コマンドを用いると、コミットされていない変更を一時的に保存し、ブランチをクリーンな状態にすることができます。

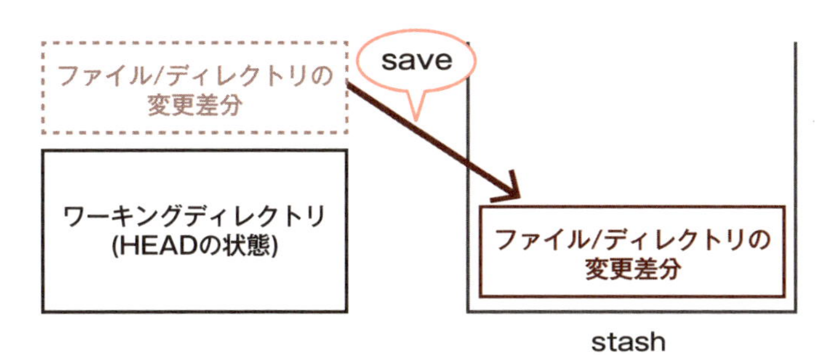

この状態で再度 master ブランチへのチェックアウトを試みると、

```
$ git checkout master
Switched to a new branch 'master'
```

ちゃんとブランチが切り替わります。

逆に、保存された変更を取り出すには、git stash pop コマンドを用います。

```
$ git checkout test_branch
Switched to branch 'test_branch'
$ git stash pop
On branch test_branch
Changes not staged for commit:
  (use "git add <file>..." to update what will be committed)
  (use "git checkout -- <file>..." to discard changes in working
directory)

    modified:   hello.txt

no changes added to commit (use "git add" and/or "git commit -a")
Dropped refs/stash@{0} (e9cde4e5178abf83bdd7b0f50d7e4e7e0f1d6af3)
```

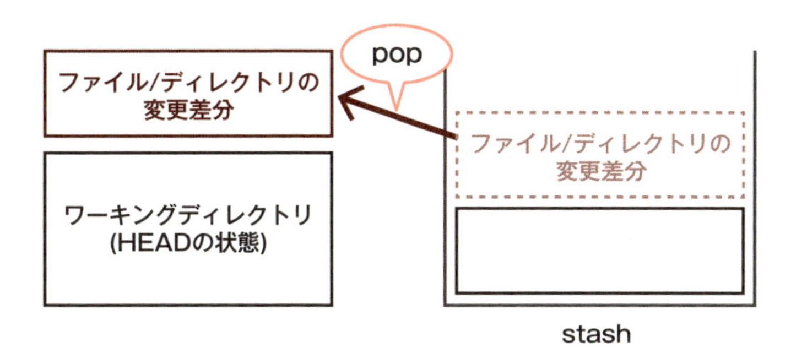

ここで注意しなくてはならないのが、git stash pop コマンドは、もともと変更を加えていたブランチ以外のブランチでも実行することができる点です。先ほどの例では test_branch 上で加えられた変更を git stash により一時保存しましたが、master ブランチ上で

git stash pop を行うこともできるということです。

また、git stash コマンドは 1 度きりではなく、変更を加えると再度実行することができます。git stash による変更の保存は **LIFO 方式（最後に保存されたものが git stash pop で最初に取り出される）** で行われます。

git stash save <message> でメッセージ付きで格納したり、git stash list で、格納されているスタックのリストが表示でき、git stash show を使って中身を見ることも可能です。

stash のさまざまなコマンド

```
# 名前付きで保存
$ git stash save "modify hello.txt"
# 保存されているスタックのリストを表示（メッセージも表示されます）
$ git stash list
stash@{0}: On test_branch: modify hello.txt
# 保存されいてるスタックの詳細を表示
$ git stash show
 hello.txt | 2 +-
 1 file changed, 1 insertion(+), 1 deletion(-)
```

COLUMN　Subversion のブランチと Git のブランチ

Subversion にもブランチという概念は存在します。Git のブランチと Subversion のブランチとでは、何が違うのでしょうか。

Subversion をバージョン管理として用いる際、プロジェクト直下のディレクトリ構成は大抵の場合、trunk、branches、tags という構成となっています。ここで、ディレクトリ構成という言葉を用いた通り、Subversion でいうところのブランチは、単なるディレクトリに過ぎません。trunk は、Git でいうところの master ブランチに相当しますが、大抵の場合、この trunk ディレクトリ以下を branches ディレクトリ直下にコピーすることで、Subversion のブランチは作成されます。Subversion におけるバージョン管理は、その履歴が 1 つしかありません。なので、branches 以下に trunk がコピーされ、変更が加えられたことも、1 つの履歴としてしか記録されません。対して、Git では各ブランチの参照しているコミットはそれぞれ異なる親コミットを持ち、ブランチごとに別の履歴をたどることになります。例えば、master ブランチに加えられた変更と、派生ブランチに加えられた変更は、別の履歴としてたどることになります。

Chapter-02

03 チームのバージョン管理の運用を設計する

この節では、チームにおけるバージョン管理の運用方法を学び、Git を使ってどのようにチームを運営していくのかを見ていきましょう。

ブランチ設計をする

チームにおける Git 運用の成功の秘訣はブランチ運用設計

チーム開発における Git の利用方法や、チーム開発に必要な Git のコマンドについて学んできましたが、実際に大切なのは、チームにおけるバージョン管理の運用です。Git だけを知っても、実際に Git を使ってチームをどのように運用するのかを考えるのは、なかなか大変です。

実際にチームで Git を活用してチームでの開発を進めていくにあたり、最も大事なことは以下の 2 点といえるでしょう。

- Git のブランチ運用フローが明文化されていること
- 開発者全員が運用フローに関して理解し、規則に則った運用ができていること

Git は、Subversion などの中央集権型のバージョン管理システムと違い、個々人のローカルリポジトリにおいて、柔軟にブランチを切り替えることが可能です。その柔軟性こそが Git の最大の強みですが、裏を返せば個人によってブランチの管理方法や、ブランチにまとめる実装単位の粒度がバラついてしまい、チーム全体としてまとまりに欠けるといった事態にも陥る可能性があります。例えば、あるメンバーは小さな修正ごとにブランチを作成しているのに、また違うメンバーは大きな機能 1 つでブランチを作っているような場合です。ブランチの数が無尽蔵に増え続け、メインブランチにいつ誰が束ねるのか、管理が難しくなります。

また、開発者同士で運用に関する共通認識が持てていない場合は、作業における時間のロスやコミュニケーションコストの増大にもつながります。ブランチの単位が曖昧な場合は、お互いに同じ機能を重複で作り合ってしまったり、他の機能のバグフィックスが機能単位のブランチに紛れ込んでしまい、いつ治ったのかわからない、ということも発生します。

本番環境に障害が見つかった場合を考えると、修正は速やかに実施され、ソースコードのレビュー後にマージして緊急リリースといった手順を踏む場合が多いと思いますが、「本番環境の修正はどのブランチでやるのがいいか」についてその都度開発者全員を集めて話し合うのは時間の無駄です。事前に Git の運用ルールを明文化し運用ルールについての共通認識を持つことで、開発者が無駄なことを考えずに作業に集中できる体制が整います。その結果、チーム全体として生産性を向上させることが可能になるのです。

以上のように、チームにおける Git の運用の成功の秘訣は、ほぼブランチの運用設計で

決まるといっても過言ではありません。

git-flow は branch 運用における best practice

ソフトウェア開発におけるチームでのブランチ運用を開発が開始する前に、ゼロからチームでブランチの運用フローを練り上げていくという方法もありますが、世の中には先人たちのさまざまな試行錯誤を繰り返しした結果として、ブランチモデルと呼ばれる定型化されたブランチ運用のフォーマットがいくつか存在しており、そのうちの 1 つに git-flow と呼ばれるブランチモデルがあります。

git-flow は、Vincent Driessen がブログに書いた A successful Git branching model というブランチモデルを指す言葉として広く知られています。厳密には git-flow という git のプラグインのことを指す用語ですが、本書では以降 git-flow という用語を、ブランチモデルを表すために用いることとします。

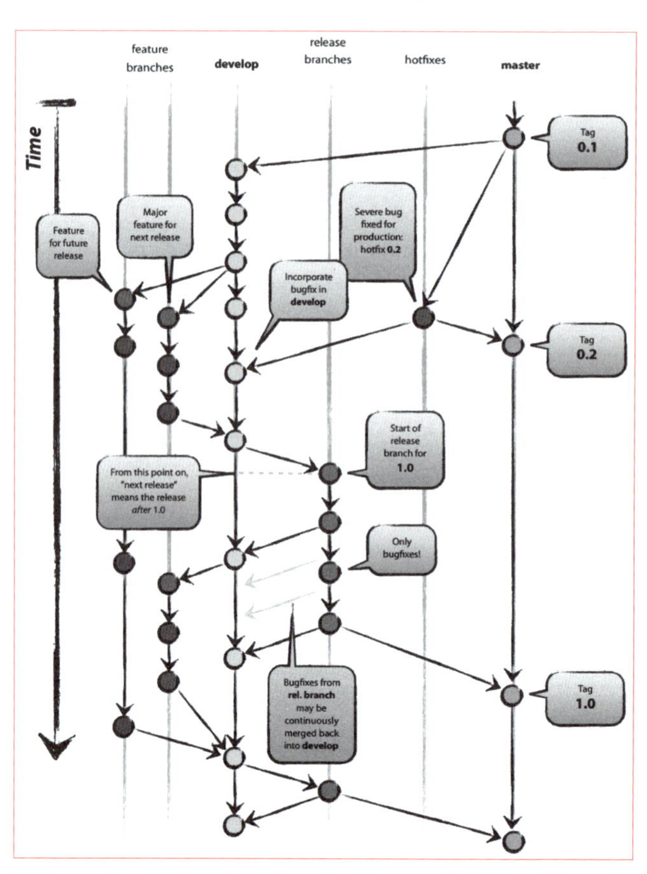

git-flow overview（出典：http://nvie.com/posts/a-successful-git-branching-model/）

世の中には git-flow 以外にも、さまざまなブランチモデルが存在しています。GitHub Flow や Gitlab flow に関しては、03-01「チーム開発における最適なブランチ 運用とコード運用」を参照してください。

以降、git-flow における基本的なブランチ運用を、ブランチの種類ごとに説明していきます。

出典
A successful Git branching model（http://nvie.com/posts/a-successful-git-branching-model/）
git-flow（https://github.com/nvie/gitflow）

メインブランチ

ブランチの中でも、常に存在しており開発の中心になる中核ブランチのことをメインブランチと呼びます。チームメンバーが最も参照することになるブランチです。開発中の全ての機能は、いずれメインブランチに取り込まれます。

git-flow において開発の中心になるのは、以下の 2 つのメインブランチです。

- master ブランチ
- develop ブランチ

01

02

03

master ブランチ

- ブランチ名：master
- マージ先：無し
- 他ブランチからのマージ：feature ブランチ・release ブランチ・hotfix ブランチ

master ブランチは、リリース可能な状態のソフトウェアを常に維持するブランチです。リリース可能な状態というのは、ソフトウェアが安定的に動作できる状態を保っている状態、ということを指します。

レビューされていないコード、結合テストされていないソースコードが master ブランチに入ることは避ける必要があります。また、実際にリリースする内容までを含むのが、master ブランチであり、作りかけの機能は入れない運用となります。

master ブランチへ直接コミットを行うことは避けましょう。以下に紹介する、機能開発や、バグフィックスや、新機能をとりまとめたブランチからのマージによって、master ブランチを進めていくことになります。

リリース済みの機能だけが入っているので、リリース後に問題が見つかった場合の修正の起点となるのも master ブランチです。

master ブランチで実際に行う作業は、例として以下のようなコマンドになります。

master ブランチ上での作業

```
# 開発中盤で feature ブランチをマージ
$ git merge <feature ブランチ名 >
```

```
# リリース後にリリース用のバグフィックスなどを取り込み
$ git merge <リリースブランチ名前>

# リリース後に緊急で問題を修正した後
$ git merge <hotfix ブランチ名>
```


develop ブランチ

- ブランチ名：develop
- 派生元：master ブランチ
- マージ先：無し
- 他ブランチからのマージ：feature ブランチ・release ブランチ・hotfix ブランチ

develop ブランチは、最新の開発の状態を常に反映するブランチです。チームメンバーが機能単位のブランチから、機能を足していくブランチとなるので、日々機能が足されていき、チームでの最新の成果物が見られるブランチとなります。

develop ブランチは、初期に master から分岐して以降、ずっと master ブランチと平行で開発が進み、直接 develop ブランチと master ブランチでマージを行うことはありません。

master ブランチからの分岐（初回のみ）

```
#master ブランチからの分岐（初回のみ）
$ git checkout master
$ git checkout -b develop
```

プロジェクトの開始時点で、develop ブランチを分岐した後は、develop ブランチで行う作業は、後ほど説明するサポートブランチのマージ作業のみです。

develop ブランチでの作業

```
# 開発中盤で feature ブランチをマージ
$ git merge <feature ブランチ名>

# リリース後にリリース用のバグフィックスなどを取り込み
$ git merge <リリースブランチ名>

# リリース後に緊急で問題を修正した後
$ git merge <hotfix ブランチ名>
```

develop ブランチは開発のためのブランチなので、チーム全員が参照することになります。そのため、分岐して feature ブランチを作成したチームメンバーがビルドに困ったり、テスト進行を妨げないように動作の安定性が求められます。

develop ブランチに取り込まれるソースコードは、ソースコードレビューや単体テストをクリアしている必要があるでしょう。基本的に、直接コミットすることはありません。

develop ブランチの変更は、release ブランチと呼ばれるサポートブランチを経由し、最終的に master ブランチにマージされます。

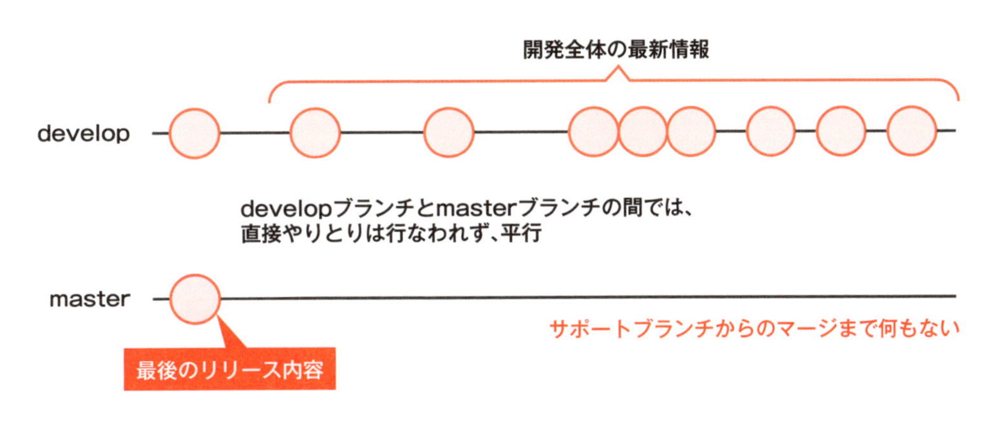

01

02

03

サポートブランチ

メインブランチから派生し、役目を終えると再びメインブランチに吸収されるブランチのことをサポートブランチと呼びます。

サポートブランチには、以下の 3 種類が存在します。

- feature ブランチ
- release ブランチ
- hotfix ブランチ

feature ブランチ

- ブランチ名：feature-* と名付けることが多いがルールはない
- 派生元：develop ブランチ
- マージ先：develop ブランチ

新しい機能を開発する際は、機能単位ごとに feature ブランチと呼ばれるブランチを作成し、そのブランチで開発作業を行います。機能単位ごとに作成されるブランチなので、リリース予定やマイルストーンにない機能に関する feature ブランチは存在しないことになります。

feature ブランチを作成

```
# 機能単位で feature ブランチを develop ブランチから分岐して作成
$ git checkout develop
$ git checkout -b <feature ブランチ名>
```

feature ブランチは大抵少人数で参照します。チームによっては個人のタスクを機能単位ごとに分けるため、一人で参照する場合もあります。そのため、それぞれの機能・タスクの進捗は feature ブランチで見ていくことになりますが、開発内容は開発終了段階でメインブランチへのマージ前のコードレビュー・機能レビューが行われ、チームメンバーに把握されます。

開発メンバーから見ると、毎日参照しコミットするのは、おのおのが担当する feature ブランチになるでしょう。

機能テストが完了し、チームメンバーによるレビューなどの機能開発が終了後、feature ブランチを develop ブランチにマージします。

feature ブランチのマージ

```
#feature ブランチを develop ブランチにマージ
$ git checkout develop
$ git merge <feature ブランチ名 >
```

マージが完了したら、feature ブランチは削除します。

feature ブランチの削除

```
$ git branch -d <feature ブランチ名 >
```

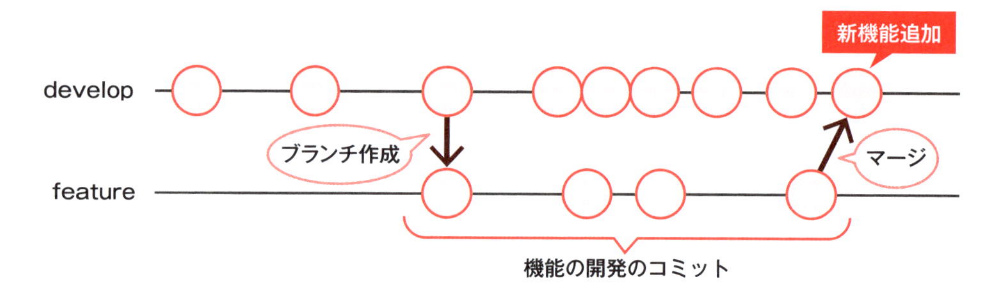

release ブランチ

- ブランチ名の慣習：release-*
- 分岐元：develop
- マージ先：メインブランチである develop ブランチと master ブランチ

release ブランチは、develop ブランチに次のリリースへの機能が全て取り込まれた段階で作成します。

release ブランチの分岐

```
$ git checkout develop
$ git checkout -b <release ブランチ名 >
```

このブランチでは、機能テストで発見されたバグの修正や、バージョン番号などのリリース用のメタデータのアップデート作業を実施します。開発フローにおいては、ごく終盤に作成されるブランチです。基本的に開発成果物のリリース作業は、release ブランチから行います。

release ブランチでの修正は、リリース完了後、メインブランチに取り込む必要があります。マージするまで、メインブランチでは release ブランチで行った修正が含まれていません。master ブランチについては現在のリリース済み機能の正しい状態を保つため、develop ブランチについては新しい修正を含めて次のリリースを迎えるために、release ブランチのマージが必要です。

release ブランチでの修正作業が終了した後は、修正差分は master ブランチにマージし、master ブランチ上でリリース名についてのタグの作成を行います。

release ブランチのマージとタグ作成

```
#release ブランチの master ブランチへのマージ
$ git checkout master
$ git merge <release ブランチ名>

# タグの作成
$ git tag "version1.00"

# タグの確認
$ git log --decorate=short --oneline
7d11569 (HEAD -> master, tag: version1.00) Final fix for release
```

その後、修正を develop ブランチに含めるために develop ブランチにも release ブランチをマージします。

release ブランチのマージ

```
#release ブランチの develop ブランチへのマージ
$ git checkout develop
$ git merge <release ブランチ名>
```

master ブランチと develop ブランチへのマージが完了したら、release ブランチを削除します。

release ブランチの削除

```
$ git branch -d <release ブランチ名>
```

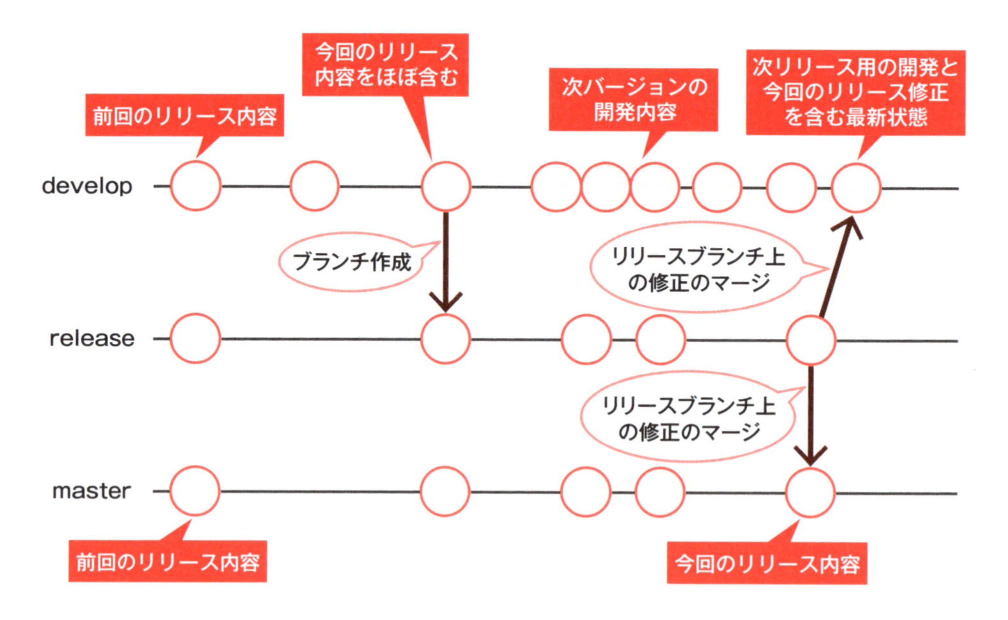

hotfix ブランチ

- ブランチ名の慣習：hotfix-*
- 分岐元：master ブランチ
- マージ先：メインブランチである develop ブランチと master ブランチ

hotfix ブランチは現在稼働しているシステムで発見された重大なバグの修正など、緊急修正を行う際に用いられます。develop ブランチから分岐しようと考えた場合、現在リリース済みの機能に対して修正を入れただけの状態を作り出すことは困難であるため、リリース済みの内容だけを含んだ master ブランチから派生し、修正を追加します。

hotfix ブランチの作成

```
#hotfix ブランチの作成
$ git checkout master
$ git checkout -b <hotfix ブランチ名>
```

修正が完了したら、hotfix ブランチをメインブランチにマージします。まず、master ブランチに hotfix ブランチをマージし、次に、develop ブランチに hotfix ブランチをマージします。

hotfix ブランチのマージ

```
#master ブランチへの hotfix ブランチのマージ
$ git checkout master
$ git merge <hotfix ブランチ名>

#develop ブランチへの hotfix ブランチのマージ
```

```
$ git checkout develop
$ git merge <hotfix ブランチ名>
```

メインブランチへのマージが完了したら削除します。

hotfix ブランチの削除

```
#hotfix ブランチの削除
$ git branch -d <hotfix ブランチ名>
```

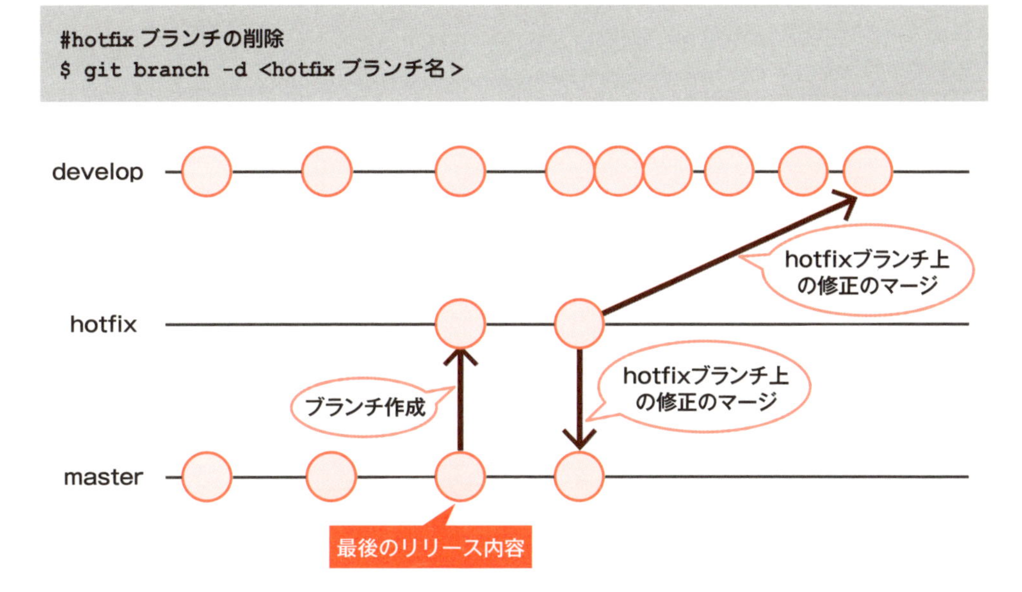

git-flow エクステンションの紹介

git-flow を実現するためのコマンドラインツールは、Git のエクステンションとして提供されています。git flow コマンドが追加され、git-flow にのった開発をサポートしてくれます。

MacOS における git-flow エクステンションのインストール

URL

```
#URL
https://github.com/nvie/gitflow
```

MacOS で Homebrew を利用したインストールは以下のようになります。

MacOS へのインストール

```
$ brew install git-flow
```

Git Bash における git-flow エクステンション のインストール

Windows の Git Bash における git-flow のインストールでは、やや手順が複雑になります。

GitBash 上でのコマンド

```
#git-flow を取り寄せます
$ git clone --recursive https://github.com/nvie/gitflow.git
```

git clone には recursive オプションをつけて、次の章で説明する submodule の取得も同時に行います。クローンが完了しても、Git Bash とクローンした git-flow エクステンションのインストーラだけではセットアップを行う事ができません。必要となる linux 互換ライブラリをダウンロードしてきて、インストールの準備を行う必要があります。

以下のサイトにアクセスして 2 つのバイナリをダウンロードします。

http://gnuwin32.sourceforge.net/packages/util-linux-ng.htm

2 つのバイナリ

```
util-linux-ng-<version>-bin.zip
util-linux-ng-<version>-dep.zip
```

ZIP の中で必要となるライブラリは以下の通りです。

必要となるバイナリ

```
util-linux-ng-<version>-bin\bin\getopt.exe
util-linux-ng-<version>-dep\bin\ 以下のすべてのファイル
```

上記のファイルを、Git Bash のディレクトリ直下の /bin/ にコピーします。

Git Bash のディレクトリはインストール時に指定したパスですが、「C:\Program Files\Git」もしくは「C:\Program Files (x86)\Git」などが多く用いられます。準備ができたら以下のコマンドを利用して、インストールします。

今度は Git Bash から OS 標準の DOS プロンプトに移動して、先ほどクローンを行った git-flow のディレクトリに入り、git-flow/contrib/msysgit-install.cmd を以下のように実行します。

```
#"C:\Program Files\Git" は GitBash のディレクトリに読み替えてください
C:\ クローン先のディレクトリ \gitflow\contrib> msysgit-install.cmd "C:\Program Files\Git"
Installing gitflow into "C:\Program Files\Git"...
getopt.exe... Found
Copying files...
```

```
# 略
```

以上でセットアップ完了です。

git-flow エクステンションの使い方

git-flow エクステンションを利用して開発フローをサポートするには、まず、git flow init を実行して初期設定を行います。

git-flow を利用するためのリポジトリの初期化

```
#git-flow を利用するためのリポジトリの初期化
$ git flow init
Initialized empty Git repository in /workspace/git-flow/.git/
No branches exist yet. Base branches must be created now.
Branch name for production releases: [master]
Branch name for "next release" development: [develop]

How to name your supporting branch prefixes?
Feature branches? [feature/]
Release branches? [release/]
Hotfix branches? [hotfix/]
Support branches? [support/]
Version tag prefix? [] Version
```

git flow init を実行すると、対話形式でリポジトリの設定を行うことができます。各質問事項の概要は以下の通りです。

質問	デフォルト値	説明
Branch name for production releases	master	プロダクションリリースに使うメインブランチ
Branch name for "next release" development	develop	開発用メインブランチ
Feature branches?	feature/	feature ブランチの接頭辞
Release branches?	release/	release ブランチの接頭辞
Hotfix branches?	hotfix/	hotfix ブランチの接頭辞
Support branches?	support/	support ブランチの接頭辞
Version tag prefix?	無し	バージョン名の接頭辞

初期化完了後のブランチの状態を確認すると、master ブランチと develop ブランチが作成され、develop ブランチがチェックアウトされていることがわかります。git-flow で必要な、2 つのメインブランチが作成された状態です。これで開発が始められます。

初期化後のブランチの確認

```
# 初期化後のブランチの確認
```

```
$ git branch
* develop
  master
# 初期化後の develop ブランチの参照からコミット履歴をたどる
$ git log --oneline develop
adf88ee Initial commit
```

コミット履歴を見てみると、Initial commit というコミットが自動的に作成されています。これは、2つのメインブランチを作成するために必要であるため、作成されています。

"hello" という文字列を返す機能を作成すると仮定します。git-flow エクステンションを利用して、echo_hello と名付けて開発を始めます。

featureA ブランチの作成

```
#echo_hello 機能の開発開始
$ git flow feature start echo_hello
Switched to a new branch 'feature/echo_hello'

Summary of actions:
- A new branch 'feature/echo_hello' was created, based on 'develop'
- You are now on branch 'feature/echo_hello'

Now, start committing on your feature. When done, use:

     git flow feature finish echo_hello
# 開発開始直後の branch の状態を確認
$ git branch
  develop
* feature/echo_hello
  master
```

git flow feature start で、echo_hello 機能の開発を始めた直後、先ほど設定した feature ブランチ用の接頭辞 feature/ を付加した、feature/echo_hello ブランチが作成されて、チェックアウトされています。これで、echo_hello の開発を即座に始められます。

さて、開発が完了したとしましょう。

実装とコミット

```
# 実装確認
$ cat hello.sh
#!/bin/sh
echo hello
# テスト
$ ./hello.sh
hello
# コミット
$ git add hello.sh
```

```
$ git commit -m "adding echo hello feature"
[feature/echo_hello f54b10e] adding echo hello feature
 1 file changed, 2 insertions(+)
 create mode 100755 hello.sh
```

コミットまで完了したので、echo_hello機能の開発を完了します。

echo_hello機能の開発完了

```
#echo_hello機能の開発完了
$ git flow feature finish echo_hello
Switched to branch 'develop'
Updating adf88ee..f54b10e
Fast-forward
 hello.sh | 2 ++
 1 file changed, 2 insertions(+)
 create mode 100755 hello.sh
Deleted branch feature/echo_hello (was f54b10e).

Summary of actions:
- The feature branch 'feature/echo_hello' was merged into 'develop'
- Feature branch 'feature/echo_hello' has been removed
- You are now on branch 'develop'
```

これでecho_hello機能の開発が完了しました。開発完了直後のブランチの状態を確認します。

開発完了直後のブランチ一覧

```
$ git branch
* develop
  master
```

feature/echo_helloブランチは削除され、developブランチがチェックアウトされています。featureブランチ上の修正が、developブランチに取り込まれているかを確認しましょう。

developブランチの参照からコミットログをたどる

```
#developブランチの参照からコミットログをたどる
$ git log --oneline develop
f54b10e adding echo hello feature
adf88ee Initial commit
```

無事に、「adding echo hello feature」として、featureブランチの開発がdevelopブランチにマージされています。

このような、git flowコマンドを利用することで、開発者が勝手なルールでブランチを作成したり、マージ先を勝手に変えたりすることを防いだり、面倒なブランチ作成・マージ・

01

02

03

ブランチ削除などのルーチンワークをこなしてくれます。

他に、git flow release や git flow hotfix、そして、git flow support などのコマンドで、git-flow を利用した開発フローをサポートしてくれます。

マージ担当の作業を知る

コミットを重ねていって開発が終了すると、git-flow の場合は、feature ブランチを develop ブランチにマージする段階がやってきます。git-flow エクステンションなどのツールを利用していれば、意識することは減りますが、Git のブランチ運用の設計によらず、マージは避けて通れないイベントとなります。チーム開発において、実際にどのようにブランチをマージするのかを、見ていきましょう。

そのマージは誰がやる？

トピックブランチ（feature ブランチなど）からメインブランチ（master や develop ブランチ）へのマージ作業は、原則として**トピックブランチの実装者以外が実施**するようにしましょう。第三者がブランチをマージするというフローを適用することで、本章後半で解説するソースコードレビューや、コミット内容のレビューをするタイミングを開発フローに組み込むことができ、ブランチ運用が健全なソフトウェアを育てるための仕組みとして機能します。レビューを行わず、トピックブランチ実装者しか知らないマージを実施してしまうと、同一のファイルを同時編集していた場合に、意図せずファイルの中身が古い内容で上書きされたり、ファイルがいつの間にか消えてしまったり、知らない機能がいつの間にか入ってしまったりと、後から追いかけて復旧する必要が出てきます。場合によっては、混入した機能がそのままリリースされてしまうかもしれません。第三者がマージの内容を把握していることは大切です。

マージの実践

実際にマージ作業をする際のコマンドを確認しておきましょう。手元で作成した feature ブランチを develop にマージするには、以下のような手順でマージを実施します。

マージ作業

```
# マージ先に切り替える
$ git checkout develop
#feature ブランチを develop ブランチにマージ
$ git merge feature
Auto-merging README
Merge made by the 'recursive' strategy.
README | 1 +
1 file changed, 1 insertion(+)
```

コンフリクトを解消する

通常は先ほどの手順で実践できますが、同じファイルの同じ箇所を双方のブランチで変更していると以下のようなコンフリクトが発生します。

コンフリクトの発生

```
#develop ブランチで feature ブランチのマージを実行してコンフリクトが発生
$ git merge feature
Auto-merging index.html
CONFLICT (content): Merge conflict in index.html
Automatic merge failed; fix conflicts and then commit the result.
```

コンフリクトが発生してマージできなかったのがどのファイルなのかを知るには git status を実行します。

ステータスの確認

```
# ステータスの確認
$ git status
On branch master
You have unmerged paths.
(fix conflicts and run "git commit")
Unmerged paths:
(use "git add <file>..." to mark resolution)
both modified: index.html
no changes added to commit (use "git add" and/or "git commit -a")
```

コンフリクトが発生しているものについては unmerged paths として表示されます。今回は、index.html においてコンフリクトが検出されています。Git はコンフリクトマーカーと呼ばれる目印をファイルに追加するので、ファイルを開いてそれを解決することにします。コンフリクトが発生したファイルの中には、このような目印が追加されています。

index.html

```
<<<<<<< HEAD
<div id="footer">contact : email.support@github.com</div>
=======
<div id="footer">
please contact us at support@github.com
</div>
>>>>>>> feature
```

======= より上の部分が「HEAD がリファレンス参照している develop ブランチの更新内容」、下の部分が「feature ブランチの更新内容」を指しています。>>>>>>> feature となっていることから feature ブランチの更新内容であることがわかります。今回の例で

01

02

03

いうと、ワーキングディレクトリの index.html に上記の内容が挿入されている状態となります。コンフリクトを解決するには、index.html を直接編集し、どちらのブランチの更新内容を採用するかを判断しマーカーを削除します。

index.html

```
<div id="footer">
please contact us at email.support@github.com
</div>
```

コンフリクトを解決したら、コンフリクトが起こっていたファイル（今回の例では index.html）に対して git add を実行して解決済みであることを Git に通知します。

再び git status を実行し、コンフリクトが解決したことを確認します。

ステータスの確認

```
$ git status
On branch master
Changes to be committed:
(use "git reset HEAD <file>..." to unstage)
modified: index.html
```

コンフリクトの解消がステージされていることが確認できたら、git commit を実行してマージコミットを完了させます。

commit の実行

```
$ git commit
```

必要に応じてどのようにマージを実行したのか詳細を追記しておくといいでしょう。

コミットメッセージの編集

```
Merge branch 'feature'
Conflicts:
index.html
#
# It looks like you may be committing a merge.
# If this is not correct, please remove the file
# .git/MERGE_HEAD
# and try again.
#
```

COLUMN　コンフリクト予防に共通ファイルの同時並行開発はできるだけ避ける

Git のマージは CVS の中で比較的賢いといわれていますが、共通ファイルに複数人で変更を加える場合、コンフリクトは避けられません。コンフリクトの解消は開発者が手作業で実施するしかないため、どうしてもマージミスが発生する原因となってしまいがちです。

そのため、同時に複数ファイルを触るような状況が想定される場合は、事前に担当者同士で会話したり可能な場合はファイルを複数に分割したりすることで、できるだけコンフリクトを事前に避けるよう、工夫しましょう。

特に、バイナリファイル（画像や Excel のブックなど）の場合はコンフリクトしてしまうとマージが難しいため、チーム内で誰がそのファイルを編集しているかがわかるようにしておきましょう。実際に私が経験してきたチームでは、iOS の storyboard のコンフリクトを予防するために、色付きの消しゴムを机に置いておいていたこともありました。

マージ戦略

Git におけるマージの実例を見てきましたが、Git のマージでは、ケースに応じてさまざまな戦略が採用されます。2 つのブランチのマージでは、Fast-forward マージと Recursive マージという 2 種類のマージ方法をよく目にすると思います。

Fast-forward マージ

開発の本流はメインブランチである master ブランチにあり、bugfix というブランチを作成しそこでバグ修正作業を実施した、という状況を考えます。

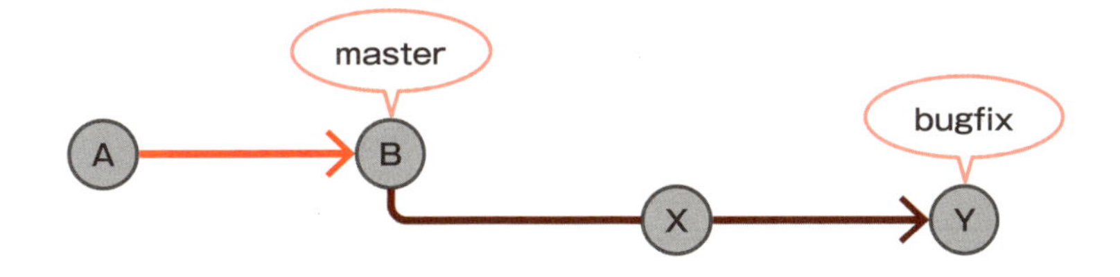

bugfix ブランチを master ブランチにマージする際に、master ブランチの状態が bugfix ブランチを作成した時点以降変更されていなければ、bugfix ブランチのコミット履歴は master ブランチのコミット履歴を全て含んでいます。

そのため、master ブランチは参照の位置を bugfix ブランチの参照しているコミットに移動するだけで bugfix ブランチと同一のコミット履歴を指すことになります。このようなマージの仕方のことを Fast-forward マージと呼びます。

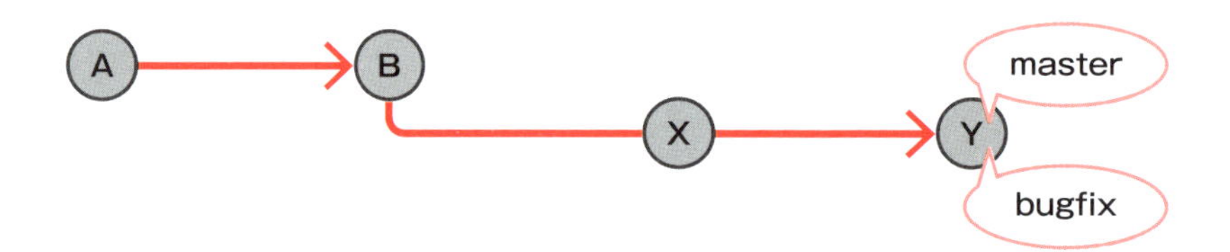

Fast-foward 方式のマージでは、マージの際に新しいコミットが作成されません。そのため、コミット履歴を git log 上で --graph オプションを付けたときに、コミット履歴がまっすぐ一列に並んで見ます。

コミット履歴の例

```
#master ブランチへ Fast-forward マージ後のコミット履歴の例
$ git log --graph --oneline master
* 4634f2a [bugfix] bugfix ブランチでのコミット
* 4b8fedf [master] 2 回目のコミット
* e9c9f9c [master] 最初のコミット
```

recursive（再帰）マージ

先ほどの例で、master ブランチに何も変更が加わっていない場合は話は簡単ですが、今度は bugfix ブランチで作業を実施している間に、master ブランチのほうで開発作業が進んでしまった、というケースを考えます。

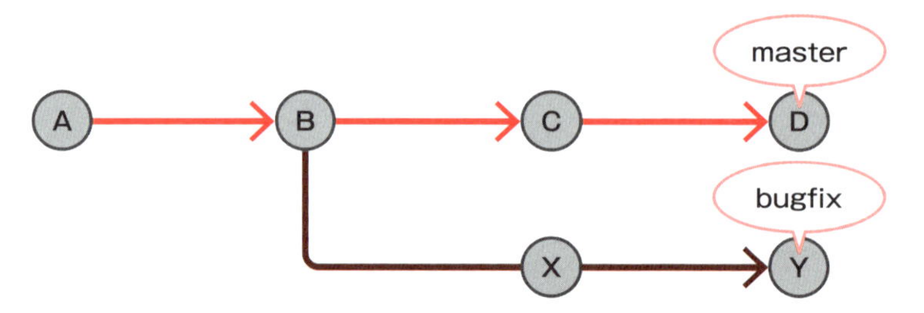

上記のケースの場合、Fast-forward マージで説明したように単純に master の参照している位置を bugfix ブランチの参照しているコミットに移動するだけではマージすることはできません。

1 つのブランチの参照は 1 つのコミットしか指すことができません。そのため、分岐後並行にコミット履歴が存在する master ブランチでの変更内容と bugfix ブランチでの変更内容を、1 つにまとめる必要があります。

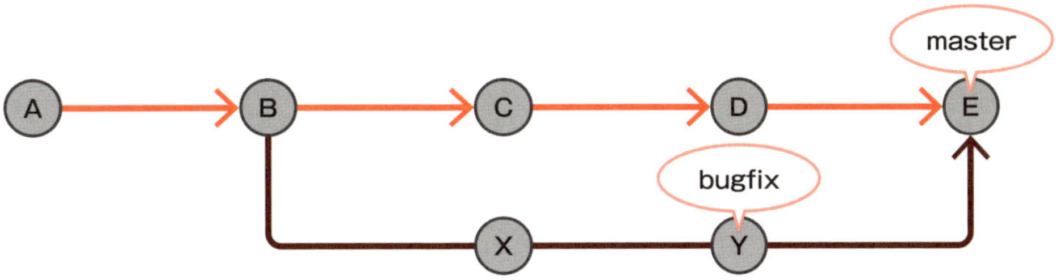

master
A B C D E
bugfix
X Y

Git は、このような場合に 3 点マージを利用し、2 つのブランチの共通の子コミットとなるマージコミットと呼ばれる新しいコミットを作成します。このコミットには、今回の例でいうと、master ブランチと bugfix ブランチのマージ時点の基点となったコミットが両方とも親として参照されており、HEAD および master ブランチの参照は、マージコミットの位置まで移動します。

recursive マージ後のコミット履歴

```
#recursive マージ後のコミット履歴
$ git log --graph --oneline master
*   0ebf6a2 Merge branch 'bugfix'  # マージコミット
|\
| * 9484c35 [bugfix] b.txt の編集
* | c86ea90 [master] a.txt の編集
|/
* cd250c3 [master] 最初のコミット
```

以上が、recursive マージと呼ばれる 2 つのブランチのマージのみ扱える戦略です。Git のデフォルトのマージ戦略は、この recursive マージに設定されています。

このような、Git には複数のマージの仕方があることを覚えておきましょう。普段から意識することはあまりないかもしれませんが、他ブランチからの変更をマージする際に問題になる場合があるので、違いを理解しておくと便利です。

その他のマージ戦略

Git が行うマージの戦略には、Fast-forward マージや、デフォルトのマージ戦略である recursive（再帰）マージの他に、2 つのブランチ間で 1 つの基点を決め他方のブランチの変更差分を直接適用する resolve（解決）マージ、3 つ以上のブランチのマージ対応した octopus（オクトパス）マージ、現在のブランチのファイルだけを利用し履歴だけ取り込む ours マージ、他のブランチの変更内容をサブツリーとしてマージする subtree マージなどが存在します。

COLUMN non fast-forward マージオプション

non fast-forward マージというオプションを指定することで、Fast-forward マージが可能な場合でも新しくマージコミットを作成することができます。

```
git merge --no-ff
```

また、Git1.7.6 から以下のコマンドで non fast-forward マージをデフォルトにできます。
特定のリポジトリだけに適用したい場合は --global を外してください。

config の設定

```
$ git config --global merge.ff false
```

マージとリベース

branch 同士のマージを行う際に、Fast-foward マージができないケースを考えてみます。develop ブランチと、機能 C を開発する featureC の間で並行で開発が進んだ例として、以下のコミット履歴があったとします。

develop ブランチと featureC ブランチからたどるコミット履歴

```
#develop ブランチと featureC ブランチからたどるコミット履歴
$ git log --graph --oneline develop featureC
* 2396794 create file C
| * 1471296 create file B
|/
* 1b4d8b1 create file A
* de8c336 first commit
```

develop ブランチには機能 B がすでにマージされ 1471296 の「create file B」がコミットされています。featureC は、機能 C の開発として「create file C」がコミットされています。それぞれのブランチからたどると、コミット履歴は上記のように分岐して見えます。

この状態からの git merge によるマージと git rebase によるリベースで、どのようにコミット履歴が変わるのかを見ていきます。

マージ後のコミット履歴

develop ブランチに移動して、featureC ブランチをマージしてみます。エディタが開いて、マージコミットのコミットメッセージが入力できますが、ここではそのまま保存して終了します。マージの結果は以下のように表示されます。

featureC ブランチのマージ

```
#featureC ブランチのマージ
$ git checkout develop
$ git merge featureC
Merge made by the 'recursive' strategy.
 c.txt | 0
 1 file changed, 0 insertions(+), 0 deletions(-)
 create mode 100644 c.txt
```

デフォルトの recursive 戦略でマージされています。コミット履歴を確認します。

develop ブランチの参照からたどるコミット履歴

```
#develop ブランチの参照からたどるコミット履歴
$ git log --graph --oneline develop
*   95294a5 Merge branch 'featureC' into develop
|\
| * 2396794 create file C
* | 1471296 create file B
|/
* 1b4d8b1 create file A
* de8c336 first commit
```

マージコミット 95294a5 が作成され、「create file B」と「create file C」が束ねられています。マージコミットの存在とコミットメッセージによって、「featureC」ブランチを作成して開発した内容が取り込まれたことが明示的にわかるようになります。

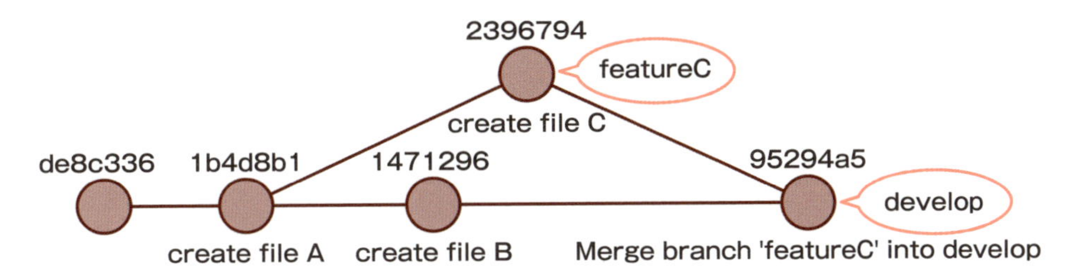

リベース後にマージしたコミット履歴

featureC ブランチ側でリベースを行ってから、develop ブランチにマージした場合はどうなるでしょうか。先ほどと同じ例を元に、実際の動きを見ていきます。最初の状態は先ほどと変わりません。

01

02

03

develop ブランチと featureC ブランチからたどるコミット履歴

```
#develop ブランチと featureC ブランチからたどるコミット履歴
$ git log --graph --oneline develop featureC
* 2396794 create file C
| * 1471296 create file B
|/
* 1b4d8b1 create file A
* de8c336 first commit
```

featureC ブランチをチェックアウトして、develop をリベース先として指定します。

featureC ブランチで develop ブランチをリベース先としてリベースを実施

```
#featureC ブランチをチェックアウト
$ git checkout featureC
#develop ブランチをリベース先としてリベースを実施
$ git rebase develop
First, rewinding head to replay your work on top of it...

Applying: create file C
```

リベースの結果メッセージを見ると「create file C」を適用したというメッセージが出ています。リベースの動きとして、develop ブランチと同じ位置を参照した後、そこに featureC ブランチが参照しているコミットをコミットし直して featureC の参照を移動しています。どうなったのか featureC の履歴を見てみます。

featureC ブランチの参照からコミット履歴をたどる

```
#featureC ブランチの参照からコミット履歴をたどる
$ git log --graph --oneline featureC
* 3d55805 create file C
* 1471296 create file B
* 1b4d8b1 create file A
* de8c336 first commit
```

もともと、featureC ブランチの参照からたどったコミット履歴にはなかった「create file B」が見えています。develop をリベース先に指定したので、develop が参照していたコミットを起点にリベースが開始されます。その後、従来の featureC ブランチが参照していたコミット履歴を分岐点から順番にたどり、今回でいうと、「create file C」をコミットし直しています。git rebase の結果出力にあった、「Applying: create file C」が「create file C」をコミットし直したことを表しています。

最後に、develop ブランチに移動して、featureC ブランチをマージします。

develop ブランチでリベース後の featureC ブランチをマージ

```
#developブランチをチェックアウト
$ git checkout develop
Switched to branch 'develop'
#リベース後のfeatureCブランチをマージ
$ git merge featureC
Updating 1471296..3d55805
Fast-forward
 c.txt | 0
 1 file changed, 0 insertions(+), 0 deletions(-)
 create mode 100644 c.txt
```

マージ戦略が「Fast-forward」に変わっています。つまり、参照を移動するだけで、マージコミットは作成されません。featureC でのリベースによって、develop ブランチの参照コミット以前について、同じコミット履歴をたどるようになっていたためです。develop ブランチの参照からコミット履歴をたどってみます。

マージ後の develop ブランチのコミット履歴をたどる

```
#マージ後のdevelopブランチのコミット履歴をたどる
$ git log --graph --oneline develop
* 3d55805 create file C
* 1471296 create file B
* 1b4d8b1 create file A
* de8c336 first commit
```

先ほどのマージ結果とは異なり、featureC ブランチからマージしたことがわからなくなっています。その代わり、分岐もせず、まっすぐ一直線のコミット履歴が表示されており、非常に読みやすいコミット履歴になっています。問題があっても順番に追っていきやすく、問題の発見がより容易になっています。

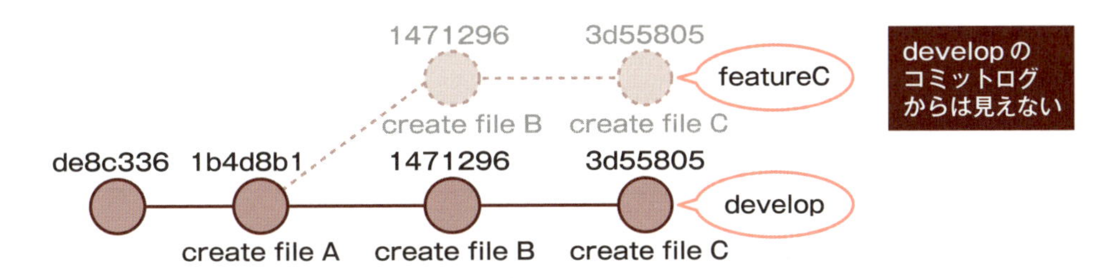

開発が進むにつれ、人数が増えるにつれ、ブランチの数は増え、マージ後のコミット履歴は複雑になります。そのため、コミット履歴をきれいに保ちたいケースが出てきた場合は、リベースを活用しながらマージをしていくことで、シンプルなコミット履歴を実現することができます。

個人用ブランチの運用

git-flow を学んできましたが、ベストプラクティス通りにブランチを運用するのは、なかなか難しいものです。厳しいブランチルールの中で柔軟に立ちまわるために役立つのが、個人用のブランチです。実際の開発の現場では、個人用にブランチを作成して開発し、さまざまな作業をそのブランチで行う場面が多々あります。個人で作成するブランチをどのように活用するのか、事例を見ていきましょう。

個人用ブランチの分岐

個人用のブランチを git-flow と組み合わせる場合、分岐元になるブランチは、主に、feature ブランチとなります。名前は、"< 自分の名前 >/< 機能名あるいは用途 >" で付けることが多く、リモートリポジトリにはプッシュしないまま活用します。

個人用のブランチの分岐

```
# 個人用ブランチの分岐
$ git checkout feature-xxx   # ここでは feature-xxx という機能だと仮定

$ git checkout -b seigo/feature-xxx
```

個人用ブランチを仮実装に活用する

feature ブランチが「Web 画面上の投票ボタン」の機能についてのブランチだった場合を考えます。「投票ボタン」の実装案として、Javascript での実装と CSS での実装の、少なくとも異なる 2 種類の方法があります。どちらの案で実装しても構わないのですが、パフォーマンスを測定して高いほうを採用したいとしましょう。

まずは 2 種類（Javascript ／ CSS）とも仮で実装してみる必要がありますが、feature ブランチでそのまま実装のコミットを進めると、片方の実装方法で作成し測定後、別の方法をコメントアウトなり無効にして、もう片方を実装、という多少面倒なことになります。こんなときに、実装方法ごとにブランチを作成し、ソースコードをそれぞれ別に管理できたら便利です。投票ボタンは、voting-button と名付けたとします。

実装別にブランチを分ける

```
$ git checkout feature-voting-button #Web 画面上のボタン実装ブランチ
# 実装方法別に個人用ブランチを作成して活用する
$ git branch seigo/voting-button-js # アイデア 1 のブランチ
$ git branch seigo/voting-button-css # アイデア 2 のブランチ
```

以上の例では、seigo/voting-button-js で javascript での実装を、seigo/voting-button-css で CSS の実装をそれぞれ進め、測定を行い、気に入ったほうを feature-voting-button にマージすることになります。

feature ブランチへマージ

```
$ git checkout feature-voting-button #Web画面上のボタン実装ブランチ
$ git merge seigo/voting-button-js #javascriptのほうを採用して取り込み
```

以上により、頭の中で、2つのアイデアの実装を分けて考えることができるようになり、有効な選択肢だけをきれいに取り込めるので、feature ブランチの履歴を無駄に汚すこともなくなります。

マージ時のコンフリクトの事前検出を行う

feature ブランチを develop ブランチにマージする段階で、他の feature ブランチからのマージによって進んでいた develop ブランチの内容と、コンフリクトが発生する場合があります。

マージ時点のコンフリクト

```
$ git checkout develop
#マージしようとしたらコンフリクトが検出されオートマージされない
$ git merge feature-xxx  #featureブランチのマージ
Auto-merging README.md
CONFLICT (content): Merge conflict in README.md
Automatic merge failed; fix conflicts and then commit the result.
```

この例では、コミット履歴はマージコミットによって併合された上で、README.md の内容は競合するコミットの内容によって、コンフリクトマーカーが挿入され、ファイル上で手動による内容の選択が必要となります。コンフリクト自体は正常な動作ですが、develop ブランチなどのメインブランチでコンフリクトが起きている状態は少し厄介です。なぜなら、develop などのメインブランチから新たに feature ブランチを最新のコミットから分岐しようとしていた人たちが、コンフリクトの解消を待つ必要が出てくるからです。そのため、メインブランチへのマージ時に起こりうるコンフリクトの事前検出は、多くのチーム運用で課題に挙がります。

コンフリクトの事前検出はさまざまな方法があります。

git merge --no-commit によるコンフリクトの事前検出

1つ目の方法は、git merge コマンドの --no-commit オプションを利用する方法です。

--no-commit を利用してコンフリクトを事前検出する

```
$ git checkout develop
#--no-commitを利用してコンフリクトを事前検出する
$ git merge feature-xxx --no-commit #featureブランチのマージ
Auto-merging README.md
CONFLICT (content): Merge conflict in README.md
Automatic merge failed; fix conflicts and then commit the result.
```

--no-commit オプションでは、マージコミットを避けることができるので、コミット履歴が進むことを避けることができます。コマンド例の通り、マージコミットを作成することなく、コンフリクトを検出しています。上記例の実行後、コミット履歴はマージコミットがされておらずHEADも移動していないので、履歴が変わって見ませんが、ワーキングディレクトリが変更され、git statusでも変更が検出された状態となっているので、--abortオプションを利用して全てを元に戻す必要があります。

merge を中断する

```
#mergeを中断する
$ git merge --abort
```

しかし、一度実行してから元に戻すなど、結局どこをどう修正すればコンフリクトが解消されるのかを確認しながら修正するのが、やや面倒です。

git format-patch を利用してコンフリクトを事前検出する

2つ目の方法は、git format-patch コマンドを利用してパッチを作成し、適用をドライランしてみて、コンフリクトを検出する方法です。

パッチの作成

```
#featureブランチでdevelopブランチ向けのパッチを作成
$ git checkout feature-xxx
$ git format-patch develop --stdout > feature-xxx.patch

#developブランチへパッチの適用を試す
$ git checkout develop
Switched to branch 'develop'
$ git apply feature-xxx.patch --check
error: patch failed: README.md:1
error: README.md: patch does not apply
```

例では、feature-xxx ブランチにおいて、develop ブランチ向けの差分パッチを作成しています。作成したパッチの内容を、develop ブランチに適用する段階で、--check オプションを付けて、パッチを適用する代わりにパッチを試しています。見事にコンフリクトと該当箇所が検出されています。

この方法はスマートに見えますが、実際にコンフリクトを解消しようとした場合は冗長な手順を踏まなければなりません。それは、競合部分についてどちらのブランチの修正内容を選択するかを検討する際の、指定ファイルの指定行の確認です。そうなると、やはりコンフリクトマーカー自体は活用したいという欲求が出てくるでしょう。

個人用ブランチを利用してコンフリクトを事前検出する

3つ目の案は、最もシンプルです。マージ対象となるブランチから作成した個人用ブランチ上で実際にマージを行い、コンフリクトを事前検出し、修正します。

developブランチと、featureブランチを例に考えてみましょう。通常、featureブランチはdevelopブランチに対してマージされます。実際の作業では、developブランチをチェックアウトして、featureブランチをgit merge <featureブランチ名>でマージすることになります。コンフリクトが発生した場合、コンフリクトマーカーはdevelopブランチ上で発生することになります。

個人用ブランチは、featureブランチから作成します。上記とは逆向きで、developブランチをfeatureブランチにマージします。

developブランチを個人用ブランチにマージ

```
$ git checkout feature-xxx
$ git checkout -b seigo/feature-xxx
$ git merge develop
```

コンフリクトが起きた場合、コンフリクトマーカーの挿入やコミット履歴の併合は、個人用ブランチのseigo/feature-xxxで発生するため、developにおける新しいfeatureブランチの作成など、他のチームメンバーの作業を妨げずにコンフリクト解消をすることが可能となります。

またコンフリクトマーカーを見ながら、コンフリクトを解消していくことになるので、確認が二度手間になりません。

コンフリクトマーカーがうまく解消できた、あるいは、マージそのものがうまくいった場合は、後は簡単で、個人用ブランチを、developブランチにマージし直します。

個人用ブランチをdevelopブランチにマージ

```
$ git checkout develop
$ git merge seigo/feature-xxx
```

すでにコンフリクトはseigo/feature-xxxで解消され、コミット履歴もすでに完成しているので、developブランチの参照を移動するFast-forwardのマージが一瞬で完了します。つまり、developブランチへfeatureブランチの内容をマージする作業は、developブランチ上では一瞬で完了したことになります。

個人用ブランチでメインブランチのコミット履歴をきれいにする

個人用ブランチを活用して、ブランチ同士をマージする段階で、コミット履歴をきれいにし、ブランチの参照位置をずらすだけで済むFast-forwardでマージする方法があります。

コミット履歴をきれいにする、というのは、git logの--graphオプションで見たときに、履歴が一列に並んで前後関係をわかりやすくシンプルに見やすくする、という意味になります。

具体的にどうやるかを例を元にして考えていきます。featureブランチをdevelopブランチにマージするときに、コミット履歴をきれいにするにはどうすればいいでしょうか？
まずは、完成したfeatureブランチから個人用ブランチを作成します。

個人用ブランチの作成

```
$ git checkout develop
$ git pull #developブランチを最新に git fetch + git mergeでも可
# featureブランチをチェックアウト
$ git checkout feature-xxx
# featureブランチから新規に個人用ブランチを作成
$ git checkout -b seigo/feature-xxx
```

ここでfeature-xxxブランチ以外の機能開発でdevelopブランチでの開発が進んでいいたときに、マージしたときにマージコミットが作成されて、コミット履歴が分岐してしまわないように手をうちます。まず、developブランチの状態を最新にしています。次に、featureブランチを元に作成した個人用ブランチで、マージ先となるdevelopブランチを指定してgit rebaseを行い、seigo/feature-xxxブランチ上でコミット履歴を修正して、コミット履歴を一直線にします。コンフリクトが起こるとしても、seigo/feature-xxx上で発生することになるので、「個人用ブランチを利用してコンフリクトを事前検出する」で説明した通りに、developブランチ側で、マージ作業によって誰かを待たせることはありません。うまくいけば、seigo/feature-xxxが指す参照を先頭にして、コミット履歴が一直線にたどることができるようにコミット履歴が修正され、developの最新のコミット履歴も取り込まれた状態となっています。

個人用ブランチをdevelopブランチにマージ

```
$ git checkout develop
# 個人用ブランチをdevelopブランチにマージ
$ git merge seigo/feature-xxx
```

最後にdevelopブランチでseigo/feature-xxxのマージを行って完了です。seigo/feature-xxx個人用ブランチで行われたgit rebaseによって変更された（新規に作成された）コミット履歴は、developブランチにとってはいずれも新しいコミットとなるので、特にコンフリクトを新たに発生させることや、他のチームメンバーの履歴に影響を与えることはなく、developブランチへのマージが、developブランチの参照を移動するだけのFast-forwardによるマージで完了します。

Chapter-02

04

コミット運用ルールを設計する

コミットの運用ルールを設け、粒度とメッセージの質を統一しておけば、チーム内の意思統一を円滑に進められます。コミットの設計はどのように行うのがいいかを見ていきましょう。

コミットルールの設計をする

ブランチの運用を続けていて、次に課題になるのは、コミットの粒度とコミットメッセージの質です。チームメンバーの開発フローと、ブランチの運用をうまく設計しても、コミットの粒度がバラバラで、コミットメッセージが自由気ままなプロジェクトでは、コミットの履歴をもとにバグを探したり、機能を追加・削除していくことが難しくなります。また、ソースコードレビューや、単体テストと組み合わせるときにも、1つのコミットにあまりにもたくさんの変更を混ぜてしまうと、レビューがしづらくなり、テスト結果を追いかけるのも大変になります。

コミットの単位を短くして見通しをよくする

コミットをする際は、そのコミットがどんな意味を持つのか？ということを常に頭の片隅に入れながらコミットしていく癖を付けましょう。

コミットは、1つの小さな論理的にまとまった変更を表現しているのが望ましいとされています。なぜなら、開発者が行った変更をコードレビューなどで他人が確認する際、いくつもの変更を1つのコミットにまとめられると、非常に見通しが悪くどの変更が何を意図しているのかを理解するのはとても困難になるからです。また、コミットの単位が明確に実装の単位に分かれていると、ソースコードの修正無しに、機能の追加・取り外し、一部なかったことにすることがバージョン管理だけで実現できるようになります。

チームメンバーに説明することを想定し、「このコミットはこういう変更を意図している」ということをはっきりと説明できるような粒度でコミットするように心がけましょう。

コミットの粒度が説明できない場合は、コミットの粒度が荒すぎるといえます。コミット履歴とは、ソースコードそれ自体と同じくらい他の人から参照されるものです。常に一緒に働くメンバーや未来のチームメンバーが、自分のコミット履歴を参照するということを意識する癖を付けましょう。

また、論理的な変更以外にも、以下のような変更を実施したくなることがあります。

- フォーマッタの適用
- インデントの修正
- typoの修正
- コメントの修正

その際は、それぞれを異なるコミットにまとめるようにしましょう。

コミットメッセージのルールの重要性

コミットの粒度と同じくらい大切なこととして、わかりやすいコミットメッセージを書くということが挙げられます。コミットの履歴は、開発全体を通して多く他人の目に触れるものであり、粒度と併せて「何を変更したのか」ということを簡潔にまとめたコミットメッセージは、開発履歴の可読性を上げるため、とても重要なものといえます。

誰が見てもわかりやすいコミットメッセージを書くために、以下の点を心がけましょう。

言語・文体を統一する

オープンソースなど、広くユーザーの目に触れるものであれば英語でコミットするのがいいと思いますが、すでに他言語でコミット履歴が蓄積されている場合はその言語に合わせましょう。また、文章の書き方も、ある程度統一しておくと見通しが良くなります。コードのスタイルを統一するのと同様に、コミットメッセージの文体も統一することが望ましいです。

統一されていれば詳細はさほど問題ではありませんが、git スタイル（https://github.com/gitster/git/blob/master/Documentation/SubmittingPatches）では、以下のようなルールを設けています。

- 英語で記載する
- 一文の場合にはピリオドを付けない
- 主語は省き時制は現在の文章形式にする
- 文頭の英単語を大文字にする

どんな言語や文体に決めたにしろ、プロジェクト内で、言語や言い回しが統一されていることが重要です。

フォーマットを統一する

実装者がフォーマットを都度調べてどう書くかを考えるのは無駄なので、プロジェクト内で使用するフォーマットを初期段階で決定してしまいましょう。

前章で説明した通り、コミットメッセージの基本的な構成は、1 行目に要約、3 行目以降に詳細となります。各行をどのようなフォーマットで記載するかは、プロジェクトの開発フローの運用に強く依存します。

- 要約に Issue 番号 / Ticket 番号 / User Story の ID を含める
- 要約には必ずチームで統一された機能名を含める
- 要約の出だしに新機能なのか修正なのかなどの情報を付加する

ルールを決めても、チームメンバーの数が多ければ多いほど、コミットメッセージのルール統一は難しくなっていきます。次章で説明するGit Hooksを利用することで、自動的にコミットメッセージの確認を行って、フォーマットに沿っていないコミットメッセージは受け付けない、などの処理をシステム的に実現することも可能です。

オープンソースプロジェクトから学ぶ

コミットコメントや粒度を学ぶ一番の方法は、オープンソースとして公開されているリポジトリを見ることです。

一流のエンジニアたちのコミットを実際に確認することができるので、そこから実際のプロジェクトに展開できる知見を数多く得ることができます。

現在はほとんどのオープンソースプロジェクトがGitHubで公開されているので、いつでも簡単に確認することができます。例えば、Googleのリポジトリを確認したい場合は以下のURLのからアクセスすることができます。

https://github.com/google

他にも、自分が利用しているツールや、ミドルウェアなど、気になるソフトはGitHubで検索してみてください。

01

02

03

git cherry-pick —— 特定のコミットを指定して再コミットする

緊急対応が必要な作業をしている場合や、多大なコンフリクトが予想されるため今すぐマージはしたくないけど、他ブランチからたどるあのコミットだけ今すぐ欲しい… というケースが、ごくまれに存在します。Gitにはcherry-pickというコマンドが用意されており、特定のコミットIDを指定することで、いつでも現在ブランチが参照しているコミットの子コミットとして再コミットすることができます。

例として、masterブランチで作業をしていて、featureブランチの特定のコミットが欲しいというケースを考えます。git cherry-pickコマンドの引数には、コミットIDを指定します。

sh:cherry-pickの例

```
#featureブランチのコミット履歴の確認
$ git checkout feature
Switched to branch 'feature'
$ git log --oneline
c5ff210 Setup test environment for processor; removed modules that
aren't needed
89b34f9 Project cleanup, pulled out dependency versions into gradle.
properties,
f951db1 Merge pull request #21 from intrications/patch-1
a0dd706 Update android-apt version

e644bf8 Merge branch 'master' into kotlin2
```

```
#master ブランチに指定コミットを再コミット
$ git checkout master
Switched to branch 'master'
$ git cherry-pick 89b34f9
```

これで、master ブランチに feature ブランチの 89b34f9 というコミット ID のコミットのみを取り込むことができました。このような、コミットの単位に気を付けておくことで、自由自在に特定のコミットを後から付け足すことが可能となります。

git cherry-pick を活用したコミット履歴の作成

無駄のないきれいなコミット履歴は、後で問題をたどるときに非常に有効です。特にコミットの単位がきれいに整理できている開発では、コミットの単位できれいに意味が区切られているため、特定のコミットを足し引きすることで、機能を満たしながら、無駄のないきれいなコミット履歴を作成することが可能となります。

git cherry-pick の活用方法として、足し算式で新しいコミット履歴を作成することができます。例で見ていきましょう。featureA というブランチにおいて、以下のような履歴となっていたとします。

featureA ブランチの参照からたどったコミット履歴

```
#featureA ブランチの参照からたどったコミット履歴
$ git log featureA --oneline
35579cc 機能 A のエフェクトの問題を修正
b7903b2 機能 B の追加
fbe678a 機能 A のボタンにエフェクトを追加
c3695d9 機能 A のデバッグログを追加
0cf0697 機能 A でボタン動作がおかしい件の修正
138e890 機能 A の追加
40ffa0b 最初のコミット
```

featureA は「機能 A」についてのブランチです。コミット履歴を見直してみると、いろいろな事情で「機能 A のデバッグログを追加」や「機能 B の追加」が追加されています。いよいよメインブランチにマージしようという段階で、該当の 2 つのコミットは、邪魔になりそうですね。

最初のコミット以降、利用したいコミットは 4 つしかありません。メインブランチへのマージ前に、4 つのコミットを抜き出して新しいコミット履歴を作成してしまいましょう。

まずは、ブランチを作成します。分岐点は、デバッグログを入れる前の 0cf0697「機能 A でボタン動作がおかしい件の修正」です。new_featureA ブランチを作成します。

new_featureA ブランチの作成

```
#new_featureA ブランチの作成
$ git branch new_featureA 0cf0697
# コミット履歴の確認
$ git log new_featureA --oneline
0cf0697 機能 A でボタン動作がおかしい件の修正
138e890 機能 A の追加
40ffa0b 最初のコミット
```

デバッグログを入れる手前までの履歴ができました。後は、fbe678a「機能 A のボタンにエフェクトを追加」と、35579cc の「機能 A のエフェクトの問題を修正」を git cherry-pick で取り込めば、無駄のないコミット履歴ができあがります。

無駄のない機能 A についてのコミット履歴の作成

```
# チェックアウト
$ git checkout new_featureA
Switched to branch 'new_featureA'
# コミット追加
$ git cherry-pick fbe678a
[new_featureA a27f98e] 機能 A のボタンにエフェクトを追加
 Date: Wed Sep 30 01:09:32 2015 +0900
 1 file changed, 1 insertion(+)
 create mode 100644 d.txt
# コミット追加
$ git cherry-pick 35579cc
[new_featureA 258623c] 機能 A のエフェクトの問題を修正
 Date: Wed Sep 30 01:10:00 2015 +0900
 1 file changed, 1 insertion(+)
 create mode 100644 f.txt
#new_featureA から参照したコミット履歴の確認
$ git log new_featureA --oneline
258623c 機能 A のエフェクトの問題を修正
a27f98e 機能 A のボタンにエフェクトを追加
0cf0697 機能 A でボタン動作がおかしい件の修正
138e890 機能 A の追加
40ffa0b 最初のコミット
```

new_featureA ブランチに無駄のない機能 A についてのコミット履歴が完成しました。後はメインブランチにマージすれば完了です。

メインブランチへのマージ

```
# メインブランチに切り替え
$ git checkout master
#new_featureA ブランチのマージ
$ git merge new_featureA
Updating 40ffa0b..258623c
```

```
Fast-forward
# 省略
 4 files changed, 4 insertions(+)
# 省略
# メインブランチの参照からたどったコミット履歴
$ git log master_back --oneline
258623c 機能 A のエフェクトの問題を修正
a27f98e 機能 A のボタンにエフェクトを追加
0cf0697 機能 A でボタン動作がおかしい件の修正
138e890 機能 A の追加
40ffa0b 最初のコミット
```


メインブランチでは、デバッグログがあったことも、一部「機能 B」が開発されていたことも気付かないきれいなコミット履歴となりました。このような、マージの段階で数個のコミットであれば git cherry-pick を活用しながら、きれいなコミット履歴を作り出すことが可能です。マージ前に、一時的なブランチ作成を活用しながら、履歴をきれいに保つことを意識してみてください。

また、この作業を通して、コミットの単位をきれいに分けておくことの重要性がわかってきたでしょうか？　コミット履歴を細かい意味の単位に分ける程、後から履歴の修正だけでソースコードの状態を変えることが可能となります。ソースコードを直接修正するのではなく、履歴を修正することによって、修正の手間を何倍も効率よくすることが可能となります。

git rebase -i —— コミット履歴を修正する

コミット履歴が数個のレベルであれば、git cherry-pick で指定したコミットを 1 つずつ取り込むこともできました。では、編集したいコミット数が 10 個、20 個となってきたときはどうでしょうか？　12 個前のコミットだけを除いて、他のコミットは全部維持したい、というときにはどうしたらいいでしょう。

コミット履歴を書き換える最も使い勝手がいいツールは、git rebase -i コマンドです。実際の例を見ながら、活用方法を見ていきましょう。コミット履歴は先ほどと同じものを利用します。git rebase を行って新しい履歴を作るため、新しい参照 rebase_featureA ブランチを作成します。

rebase の準備

```
#featureA の参照からたどったコミット履歴
$ git log featureA --oneline
35579cc 機能 A のエフェクトの問題を修正
b7903b2 機能 B の追加
fbe678a 機能 A のボタンにエフェクトを追加
c3695d9 機能 A のデバッグログを追加
```

```
0cf0697 機能Aでボタン動作がおかしい件の修正
138e890 機能Aの追加
40ffa0b 最初のコミット
#featureAの参照位置にrebase_featureAブランチを作成
$ git checkout -b rebase_featureA
Switched to branch 'rebase_featureA'
```

さあ、rebase_featureAブランチ上にて、git rebase -iを行う準備ができました。git rebase -iを行うときには、修正を開始する起点となるコミットを探します。デバッグログが入る前のコミットから後を修正したいということになるので、0cf0697「機能Aのボタン動作がおかしい件の修正」がどうやら起点となりそうです。

rebaseの実行

```
#rebaseの実行
$ git rebase -i 0cf0697
```

以上を実行すると、エディタが立ち上がり、編集モードになります。コミット履歴が並んでおり、その左に"pick"という単語が並んでいます。コミット履歴に続いて、使い方がコメントアウトされて続いています。エディタの中身は以下のようになっています。

rebaseによって起動したエディタ

```
pick c3695d9 機能Aのデバッグログを追加
pick fbe678a 機能Aのボタンにエフェクトを追加
pick b7903b2 機能Bの追加
pick 35579cc 機能Aのエフェクトの問題を修正

# Rebase 0cf0697..35579cc onto 0cf0697 (4 command(s))
#
# Commands:
# p, pick = use commit
# r, reword = use commit, but edit the commit message
# e, edit = use commit, but stop for amending
# s, squash = use commit, but meld into previous commit
# f, fixup = like "squash", but discard this commit's log message
# x, exec = run command (the rest of the line) using shell
#
# These lines can be re-ordered; they are executed from top to bottom.
#
# If you remove a line here THAT COMMIT WILL BE LOST.
#
# However, if you remove everything, the rebase will be aborted.
#
# Note that empty commits are commented out
```

この画面で指定したコミットより後の履歴を編集できる状態になっています。「pick」

がデフォルトで記入されていますが、これは「このコミットを利用する」という意味です。このような、各コミットの扱いについて、1つ1つ取り扱いのコマンドを指定します。他に以下のようなコマンドや、コミット履歴の編集の方法があります。

コマンド	説明
pick	コミットを利用する
reword	コミットを利用するが、コミットコメントを編集する
edit	コミットを利用するが、amend するためにそのコミットで HEAD を止める
squash	コミットの内容は利用するが、直前のコミットに内容を融合する
fixup	squash に似ているが、コミットメッセージを放棄する
exec	シェルを使ってコマンドを実行
コミットの行を消す	該当のコミットを消す
コミットの行を入れ替える	コミットの順番を入れ替える

ここでは、c3695d9「機能 A のデバッグログを追加」と、b7903b2 の「機能 B を追加」をなかったことにしたいので、編集して該当の 2 行を消します。削除した後のエディタの状態は以下のようになります。

rebase によって起動したエディタ

```
pick fbe678a 機能 A のボタンにエフェクトを追加
pick 35579cc 機能 A のエフェクトの問題を修正

# Rebase 0cf0697..35579cc onto 0cf0697 (4 command(s))
#
# Commands:
# p, pick = use commit
# r, reword = use commit, but edit the commit message
# e, edit = use commit, but stop for amending
# s, squash = use commit, but meld into previous commit
# f, fixup = like "squash", but discard this commit's log message
# x, exec = run command (the rest of the line) using shell
#
# These lines can be re-ordered; they are executed from top to bottom.
#
# If you remove a line here THAT COMMIT WILL BE LOST.
#
# However, if you remove everything, the rebase will be aborted.
#
# Note that empty commits are commented out
```

git rebase -i 実行時に 4 つ表示されていたコミットのうち 2 つを消し、fbe678a「機能 A のボタンにエフェクトを追加」と 35579cc「機能 A のエフェクトの問題を修正」が pick コマンドによって、コミットがそのまま利用されることになっています。この状態で、エディタを保存して終了します。

ここで、Could not execute editor とエラーになって git rebase -i に失敗した人はエディタの設定をするといいでしょう。vim でも emacs でも好きなエディタを設定することができます。

エディタの設定

```
#vim エディタの設定
$ git config --global core.editor vim
```

git rebase は成功したでしょうか？　成功すると以下のように、git rebase の結果が表示されます。

rebase の実行結果

```
#rebase の実行結果
Successfully rebased and updated refs/heads/rebase_featureA.
```

最後に期待通りに、rebase_featureA ブランチのコミット履歴が必要なコミットだけになっているかを確認しましょう。

rebase_featureA ブランチの参照からコミット履歴をたどる

```
#rebase_featureA ブランチの参照からコミット履歴をたどる
$ git log rebase_featureA --oneline
6b6e522 機能 A のエフェクトの問題を修正
e1586cc 機能 A のボタンにエフェクトを追加
0cf0697 機能 A でボタン動作がおかしい件の修正
138e890 機能 A の追加
40ffa0b 最初のコミット
```

うまく「デバッグログ」と「機能 B」に関してのコミットが抜き出せました。git rebase を使うことによって、大量のコミット履歴でもエディタを使いながら編集することができます。開発してきたブランチから、git rebase 用のブランチを作成して履歴を修正後、メインブランチにマージする方法で、無駄のないコミット履歴としてマージすることが可能となります。

コミット履歴は自由自在に編集可能で、かつ、チーム開発の場面においても、履歴をきれいに保ち続けるための柔軟で強力なツールがあります。ブランチを併せ活用することで、すでにプッシュしてしまったコミット履歴であっても、マージ前にコミット履歴をきれいにしてからマージすることが可能でした。そして、コミット履歴を編集していくということを通して、コミットの単位を普段から細かく意味のある単位で分けておくことの重要性を理解できたと思います。

Chapter-02

05

コードレビューを実践する

GitHubのプルリクエストを利用して、コードレビューを前提としたマージを行えば、チーム内でのコミュニケーションを取りつつコードの質を高めることができます。

変更の影響範囲を考える

ここまで、チームでGitを使いながら開発を運用していくための、ブランチ運用とコミット運用について説明してきました。開発フロー上、マージのタイミングなどでたびたび触れてきたチーム運用におけるコードレビューについて解説していきます。Gitはコードレビューとも非常に親和性が高い作りになっています。実践的なコードレビューの方法とメリットとデメリットを知ることで、ソフトウェアの品質向上につなげることができます。

コードレビューの必要性について理解するために、まずはソフトウェア開発の影響範囲について考えていきましょう。ソフトウェア開発の現場では複数の開発者が並行して開発を進めていきます。大抵は、一部の開発者がはじめにフレームワークを雛形として一通りの基本機能を作り、それを参考にしつつ機能ごとや画面ごとで担当者を割り振って開発していきます。複数人で開発するにあたってこれまで述べてきた通り、ブランチ運用を上手に進めればコンフリクトも少なく開発を進めることができるでしょう。しかしブランチ運用をするだけで、本当に開発した部分は問題ないといい切れるでしょうか？

そのソースコード本当に大丈夫？

筆者が実際に体験した例としては、問題なく進んでいるように見えていたプロジェクトが終盤になってたくさんのバグが発生したというものです。実際にソースコードを見てみると、フレームワークとして作っていた基本の部分に手を入れてしまったり、逆にフレームワークのレールから外れた開発をしていたりと問題のある作りになっていましたが、システム設計者が設計書とテストケースとテスト結果のみをレビューしていたため気付くことができなかったというものでした。そして、最終的にはリカバリが難しくほとんどの機能を作り直すという結果になってしまいました。このような一見問題がないように見ても、テストケースのレビューやテスト結果だけでは品質の低いソフトウェアになっていることに気付かないことがあります。

また、内製開発の開発者同士であっても、ある開発者の変更が他の機能に変更を及ぼしたり、全く同じ機能を複数のメンバーが別々に実装していたりすることもあります。特に短いスパンで改善を繰り返しすBtoC向けWebサービスの開発などでは、頻繁に仕様が変わるためどちらが正しい仕様かということの判断が付きにくく、誤った仕様を取り込んでしまうおそれがあります。

どちらの例においても、ソースコードをチェックするポイントがなかったことが問題です。これまで述べてきたブランチ運用・コミットの運用に加えて、ソースコードレビューをすることで、問題を解決していくことができます。開発した機能が他に影響を与えていないか、意図しない変更が入ってしまったり、必要な機能を誤って削除してしまっていないかなどを、他の開発者の目を通すことでチェックし品質を高めていくことができます。

直接メインブランチを修正しない運用を考える

より品質の高いソフトウェアにするためには、ソースコードレビューが必要であると述べてきました。では、ソースコードレビューする上でブランチ運用はどのようにしていけばいいでしょうか。複数の開発者がそれぞれメインブランチにプッシュしてしまう運用だと、メインブランチにマージされたものしかレビューすることしかできません。これではあまりレビューの意味がないことになってしまいます。

ソースコードレビューをブランチ運用と組み合わせると、非常に簡単に品質を高めることができます。git-flowなどのブランチの運用のように、直接メインブランチを修正しない運用にすることで、トピックブランチやサポートブランチを、メインブランチにマージするタイミングが必ず発生します。メインブランチへのマージタイミングが、ソースコードレビューを行うためのチェックポイントとして機能しやすいということに気付くでしょう。

ソースコードレビューによるチェック機能が働き、ソースコードの品質が上がる一方で、分岐したブランチのマージ作業やコンフリクトの解消、そしてソースコードレビュー自体の作業の手間が増えることになります。しかし、Gitを利用してチーム運用をうまくこなしたいのは、あなただけではありません。Gitを活用したさまざまなソフトウェアが、Gitと親和性の高いコードレビューの仕組み、マージの仕組みを、わかりやすい形で提供してくれています。

01

02

03

Gitを用いた開発フローにコードレビューを組み込む

Gitの場合、ソースコードをホスティングするためにWebアプリケーションを利用することが一般的です。大抵はソースコードレビューのためのプルリクエスト（pull request）という機能を備えています。Gitを用いた開発フローにおいて、ソースコードレビューするためにプルリクエストをどう開発に組み込んでいくか、という点について、ここから解説していきます。

コードレビューのためのプルリクエスト機能

ソースコードをホスティングしているWebアプリケーションと述べましたが、Webサービスを利用するパターンか、オープンソースライブラリを利用するパターンがあります。

Webサービスでは、GitHubやBitbucketが有名です。特にGitHubはGitを世界標準にした有名なサービスで、GitとGitHubを同じものだと誤解してしまう人もいるほどです。GitHubは無料で使えますがソースコードが誰でも閲覧できる状態になってしまいます。何らかの理由でソースコードを非公開（特定の人だけに公開）にしたい場合は料金が必要になってきます。Bitbucketは無料で非公開リポジトリを持つことができますが、5名までという制約が付いています。

非公開だとしても、そもそもセキュリティ要件上、Web サービス上にコードをホスティングすることができない企業ユーザーなどもいると思います。そういう人のために、企業向けのサービスも用意されています。先ほどの GitHub の企業向け版として GitHub Enterprise や Atlasian の Stash など企業向け Web サービスも充実しています。

GitLab や GitBucket などのオープンソースライブラリを利用すれば、自社内に自分でアプリケーションサーバを構築することもできます。

プルリクエストとは？

プルリクエストとは、GitHub というサービスにおいて、特定のリポジトリの特定のブランチから、特定のリポジトリの特定のブランチに対して、変更の取り込みを依頼する仕組みです。他の Web サービスや、オープンソースライブラリにも同様の機能があります。例えば、GitLab というサービスでは、マージリクエストと呼ばれる同様の機能があります。

単純な Git におけるマージとの違いは、以下のような点にあります。

- マージについてコメントをやり取りでき、対話の履歴が残る
- 取り込みを依頼する人や修正を指示する担当をアサインできる
- 簡単にボタン 1 つで、他のリポジトリの他のブランチとマージできる

プルリクエストやマージリクエストは、追加機能やバグフィックスを開発して、プルリクエストを通してメインブランチへ取り込みを依頼するために利用されます。例えば、トピックブランチを作成して開発を進め、開発完了段階でプルリクエストを作成し、プロジェクトリーダに取り込みを依頼します。プロジェクトリーダはプルリクエストの内容を見て、問題があった場合はプルリクエスト上でコメントを返し、取り込みません。問題がなければ、ボタンを押すだけで、リクエストされたブランチへのマージが完了します。

リポジトリでブランチを作成する権限がない場合は、リポジトリを複製する Fork ボタン（Web 上の機能）とプルリクエストを活用することで、チーム外からもプロジェクトに参加できます。例えば、チーム外の人が、リポジトリを Fork で複製し、追加機能やバグフィックスの取り込みを開発します。開発が完了したら、複製後のリポジトリの特定のブランチから、プルリクエストを作成して、プロジェクトに取り込みを依頼します。プルリクエストを活用すると、このようなブランチを作成する権利がないプロジェクトにも参加することができます。

プルリクエストは難しい？

プルリクエストという機能は Git の文脈で多く語られますが、Git の機能ではありません。ただ、Git の仕組みとマッチしているので簡単に実現することができます。このプルリクエストが Git 導入の一番のメリットといっても過言ではないと筆者は考えています。

筆者は初めてプルリクエストという単語を聞いたとき、オープンソース活動をしているような優れた技術者のみが使える難しい概念だと思っていました。しかし、実際に手を動

かして試してみて理解できてしまえば本当に簡単です。この本を手に取った方で一度も利用したことないという方は、これをきっかけに利用したいと思ってもらえれば幸いです。

現実世界の何かで例えるなら、プルリクエストは掲示板のスレッドのようなものです。プルリクエストを作成するということは、プッシュしたブランチごとに掲示板のスレッドが立ち上がるイメージです。掲示板のスレッドにはコメントを好きなだけ書き込んだり、コメントに対して返信したりできますよね。プルリクエストも同じでプルリクエストを立てたら開発者同士で何度もコメントをやり取りすることができます。そして、そのプルリクエストはメインブランチにマージしたり、マージせずに捨てたりすることもできます。

Subversionのような集中管理型の場合、Gitのように複数のコミットを意味のある単位として取り扱うことが難しいため、プルリクエストという機能が生まれてこなかったのかもしれません。

Gitの場合は分散管理型のリポジトリなのでローカルリポジトリでブランチを気軽に作ることができ、ブランチの単位を細かい開発単位に分けやすくなります。すなわちプルリクエストも作りやすいということです。そのため、プルリクエストやそれに相当する機能は、Gitで管理されたソースコードをホスティングするWebアプリケーションの基本機能として備わっています。

プルリクエストを作成するまで

では、まずはプルリクエストがどういうものか知ってもらうためにプルリクエストを作成するまでの手順を説明します。例として、料理のレシピを閲覧するWebサービスを題材に説明します。このWebサービスには、レシピの一覧画面とそのレシピの詳細を閲覧する詳細画面の2つがあります。この2つの画面を構成するソースコードは別ファイルで管理され、コンフリクトすることはありません。仮にレシピ一覧画面のファイルをlist.html、詳細画面のファイルをdetail.htmlという名前にします。

1. リポジトリをクローンする

開発者は自分が変更したいリポジトリをクローンしていきます。クローンしたときは、基本的にローカル上のブランチはmasterブランチです。masterブランチは一般的にGitにおけるメインブランチを表します。

クローン

```
# クローンする
$ git clone <リポジトリのURL>
```

2. ブランチを作成する

このままここに変更を加えてしまうと、プッシュしたときに自分の変更が即座にメインブランチに反映されてしまうので自分の作業用ブランチを作成します。ローカル上のmasterブランチからcheckoutコマンドを利用して別のブランチへ切り替えます。例えばレシピの詳細画面を開発する場合はrecipe_detailのような名前のブランチ名になるでしょう。

ブランチを作成する

```
# ブランチを作成する
$ git checkout -b recipe_detail
```

3. 変更をコミットする

新しいブランチに移動したので、変更を加えたらコミットしていきます。このブランチは他の開発者に影響を与えないので、コミットは細かい単位で何度しても問題ありません。

変更をコミット

```
# ファイルを修正
$ git add detail.html
$ git commit detail.html -m "[modify] 詳細画面の画像URLを修正"

# さらにファイルを修正
$ git add detail.html
$ git commit detail.html -m "[modify] 詳細画面のタイトルを修正"
```

4. 変更後の状態をプッシュする

自分が作成した現在のブランチをリモートリポジトリにプッシュします。自分が作成したブランチは、名前がかぶっていない限り他の開発者に影響を与えることはないので好きなタイミングでプッシュすることができます。Subversionのような集中管理型のバージョン管理の場合、一度リモートリポジトリ側でブランチを作っておいてそれを手元にチェックアウトしてくる手間があるので、Gitのようにローカルリポジトリから手軽にブランチを切ってプッシュできるというのが分散管理型のメリットでもあります。

ブランチをプッシュ

```
# 作成したブランチをプッシュする
$ git push -u origin recipe_detail
```

5. Webサービスの画面上でプルリクエストを作成する

変更を加えたブランチをプッシュした後は、Web画面上でプルリクエスト作成作業をしていきます。今回はGitHubの画面で説明しますが、基本的に他のサービスでも似たような流れになりますので、GitHub以外を使っている場合は適宜各サービスにあった用語で置き換えてください。

プロジェクトのページを開くと、Compare & Pull Requestというボタンがあります。これはプッシュした後、一定時間内であれば自動的に表示されます。もし、一定時間経過した後でこのボタンが表示されていなければ、プルリクエスト画面からNew Pull Requestで作成することもできます。

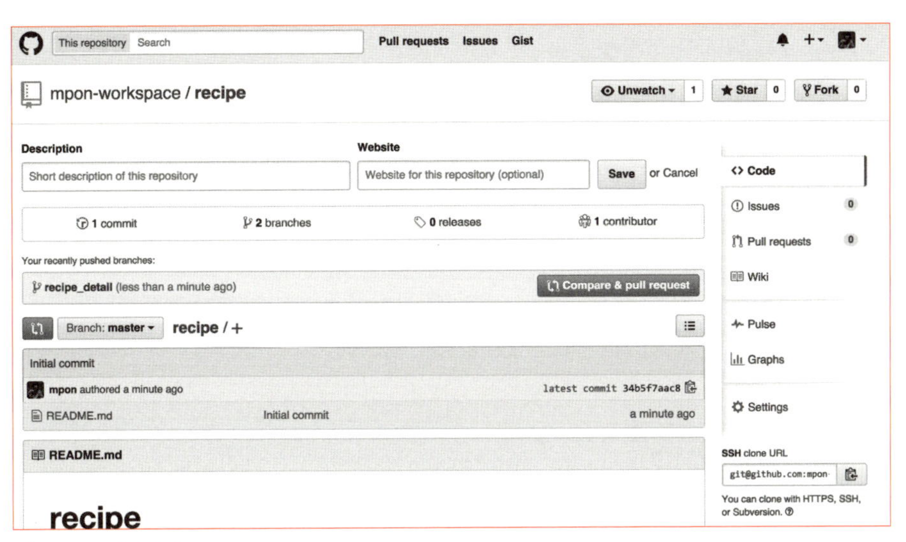

プルリクエストの作成

01
02
03

base の部分は変更を反映させたい master、compare の部分に自分が作成したブランチ名を指定します。この図は、右側の変更（自分のブランチである recipe_detail）を左側（メインブランチである master ブランチ）に取り込む前提でプルリクエストを作成するという意味です。なお、プルリクエストを作成した時点ではメインブランチにはマージされません。そして、このプルリクエストについての題名と概要を書きます。概要を書くときに気を付ける点については、後ほど詳しく説明します。

Open a pull request
Create a new pull request by comparing changes across two branches. If you need to, you can also compare across forks.
base: master ... compare: recipe_detail ✓ Able to merge. These branches can be automatically merged.
レシピ詳細画面を作成
Write Preview Markdown supported
- レシピ詳細画面用のファイルを追加
- タイトルのみ実装
Attach images by dragging & dropping, selecting them, or pasting from the clipboard.
Create pull request
Labels None yet
Milestone No milestone
Assignee No one—assign yourself

プルリクエストの内容の入力

Create Pull Request ボタンを押すと、以下のような画面が表示されてプルリクエストが作成されます。

6. 自分で作成したプルリクエストを確認する

プルリクエストを作成したら、自分の変更内容に一度目を通しておきましょう。File Changedタブへ移動すると、プルリクエストにおけるファイルの差分がとても見やすい形で表示されています。その際に、開発中に自分で少し疑問に思っていた部分のコードについて、該当行にコメントを残すことができます。

このような自分でコメントを残しておくことでレビュアーに確認してもらいやすくなるので積極的にコメントを残しておくといいでしょう。

ソースコード上にコメントを書くことについては賛否両論ありコメントの書き方というのは、とてもセンスが必要とされるものです。しかし、プルリクエスト上のコメントはソースコード上に残らないので余計なコメントを書いたとしてもソフトウェアには何の影響も与えません。気になったことはどんどんコメントを残していきましょう。これも、プルリクエストベースの開発の進め方として1つのメリットとなります。

hub コマンドの紹介

hub コマンドは、GitHub を利用している場合に便利なコマンドです。PC にインストールすることで、コマンドラインで、git コマンドのように GitHub の各種機能を利用することができます。

インストール

MacOS の場合は、Homebrew からインストールすることが可能です。

hub コマンドのインストール

```
$ brew install hub
```

hub コマンドの基本コマンド

hub コマンドは、git コマンドをラップしたコマンドになります。そのため、hub コマンドから git コマンドの一連のコマンドを利用できます。

hub コマンドのバージョン確認

```
$ hub --version
git version 2.5.3
hub version 2.2.1
```

通常の git のコマンドに加えて、以下のコマンドが追加されています。

hub コマンドの GitHub コマンド

```
#GitHub 用のコマンド
$ hub
# 省略
GitHub Commands:
   pull-request   Open a pull request on GitHub
   fork           Make a fork of a remote repository on GitHub and add
as remote
   create         Create this repository on GitHub and add GitHub as
origin
   browse         Open a GitHub page in the default browser
   compare        Open a compare page on GitHub
   release        List or create releases (beta)
   issue          List or create issues (beta)
   ci-status      Show the CI status of a commit
```

hub pull-request —— プルリクエストの作成

以下の例では、develop ブランチに対してプルリクエストを作成しています。この後エディタが立ち上がり、プルリクエストの内容を記載することができます。わざわざブラウザを立ち上げる必要がないのでとても便利です。

プルリクエストの作成

```
#プルリクエストの作成
$ hub pull-request -b develop
```

hub pull-request -i —— issue番号からプルリクエストの作成

すでにGitHub上にIssueとして管理されいている課題がある場合、その解決策を実装して、解決策としてのプルリクエストを作成することが可能です。

Issue番号からプルリクエストを作成

```
#Issue番号からプルリクエストを作成
$ hub pull-request -i <issue番号>
```

GitHub上では、Issueがプルリクエストに巻き取られ、以降プルリクエスト上で課題について議論することになります。

hub fork —— GitHub上のリポジトリを複製する

プロジェクトに直接ブランチを作成する権利がない場合、forkすることで複製したリモートリポジトリをGitHub上に作成し、プルリクエストのための開発を進めることになりますが、forkして複製したリモートリポジトリをローカルリポジトリのリモートとして設定するという、一連の作業を行ってくれるのが、hub forkコマンドです。

すでにgit cloneした時点で、GitHubのどのリポジトリが複製対象かわかっているので、hub forkコマンドを実行するだけで、複製とリモートリポジトリの追加まで動作します。

forkの例

```
#GitHubからcloneしているリポジトリで実行します
docker-sixpack$ hub fork
Updating <アカウント名>
From https://github.com/ainoya/docker-sixpack
 * [new branch]      #1/remove-stash-save -> <アカウント名>/#1/remove-
stash-save
 * [new branch]      master      -> <アカウント名>/master
new remote: <アカウント名>
```

hub create —— 既存プロジェクトからGitHubリポジトリを作成する

既存のGitリポジトリから、GitHub上に新規にリポジトリを作成する場合、hub create

コマンドを使って作成できます。

既存プロジェクトからのGitHubリポジトリ作成

```
# 既存プロジェクトからのGitHubリポジトリ作成
$ hub create
origin	git@github.com:<アカウント名>/git-test.git (fetch)
origin	git@github.com:<アカウント名>/git-test.git (push)
created repository: <アカウント名>/git-test
```


hub browse —— 指定のプロジェクトをWeb上のGitHubを開いて確認する

GitHubを利用しての開発では、コマンドラインとWebブラウザを行き来して開発することになるので、今開いているリポジトリのGitHubページを直接コマンドラインから開けたら便利です。そんなときは、hub browseコマンドを利用します。

browseコマンド

```
# ブラウザで現在のプロジェクトを開きます
$ hub browse
```

Issueリストを開きたい場合は、-- issuesを指定します。-- issues/番号のように指定して、直接issueを開くことも可能です。

issueリストを開く

```
$ hub browse -- issues
```

hub compare —— 差分を比較する

GitHub上のブランチ比較機能でブランチ間の差分を確認することができますが、コマンドラインからブラウザ上でのブランチ比較機能を呼び出すことが可能です。

feature1ブランチと比較のためブラウザを起動

```
#feature1ブランチと比較のためブラウザを起動
$ hub compare feature-1
```

..記号を使って、指定のコミットID間の分岐を確認することもできます。

コミットID間の分岐の確認

```
# コミットID間の分岐の確認
$ hub compare <コミットID>..<コミットID>
```

プルリクエストはこのブランチ比較機能における差分の取り込みをリクエストすることになるので、非常に利用頻度が高くなるでしょう。

実際のコードレビューの流れを見る

ここまでは、プルリクエストの使い方について説明してきましたが、使い方を知っただけでは実際にどのようにチーム開発に取り入れるのかのイメージが湧きにくいかと思います。この項では実際にチーム開発にどのようにプルリクエストを使ったコードレビューを取り入れていくかについて説明していきます。

はじめに、標準的なソフトウェアのチーム開発は、設計→開発→単体テスト→結合テストという工程を踏んで進んでいきます。大規模開発や業務システムの受託開発などの場合は、ウォーターフォール型の開発が多くその場合は各工程が終わってから次の工程へ進むため、一般的に後戻りはしません。一方、BtoC向けのWebサービスなどは、設計した段階から短い間隔で機能を改善していく必要があります。この場合は、短いスパンで設計→開発→単体テストを繰り返し行って、改善し続ける方法がとられます。

このような開発工程の進み方は、細かく見ると違いはありますが、ウォーターフォール型にしろ、イテレーティブな開発手法にしろ、コードレビューを取り入れるのはテストが始まる前、開発が終わった後です。単体テストや結合テストはソースコードや機能の正しさを検証するためのもので、テスト中にコードを修正してしまうとテストが無駄になってしまうため、開発の各単位が終わった時点でコードレビューを取り入れることになります。ここでいう開発の各単位というのは、Webサービスであれば、機能ごと、画面単位、機能改善の案件単位など比較的小さい単位です。この単位が大きくなってしまうとコードレビューする際にレビュアーの負担が大きくなったり、レビューの精度が低くなってしまいます。なお、分割の単位やレビュー時の観点など、詳細はこの節の後半で説明しています。

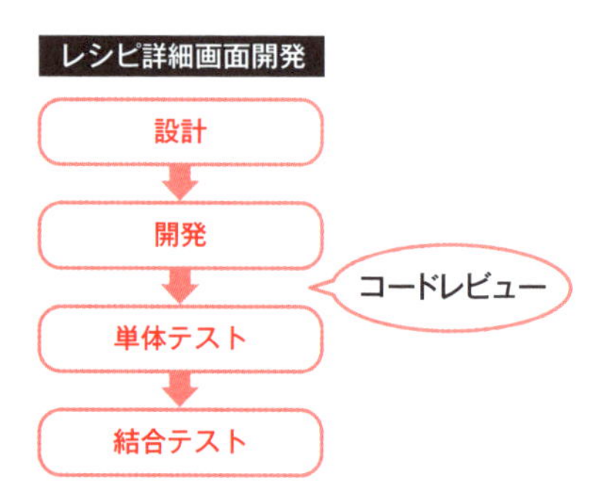

開発フローの例

コードレビューを開発のどの工程に取り込んでいくかを説明したところで、次の項では、どのようにコードレビューを進めていくかを紹介していきます。

プルリクエストを育てよう！

プルリクエストによるコードレビューを使った開発をしたことがないと、プルリクエストを育てると聞いて何のことかわからない方もいるかもしれません。この育てるという感覚は、実際にプルリクエストでのコードレビューを体験するとわかりやすいので、順を追って説明していきたいと思います。

まずは、プルリクエストの育て方の説明に入る前に現実世界に例えてみましょう。例えば、あなたがある掲示板に飲み会の参加募集のスレッドを立てたとします。そのときに、参加者から居酒屋の場所が間違っていると指摘されました。その場合、あなたのとる行動は以下のうちどちらでしょうか？

- A. 正しい居酒屋の場所を記載した新しいスレッドを立て直して参加者を再度アサインする
- B. すでにあるスレッドの居酒屋の場所を修正する

当たり前だと思いますが、皆さんBを選択すると思います。プルリクエストも同じで他の開発者からの指摘を受けたら、その部分だけの修正をコミットし、同じブランチにプッシュしてプルリクエストを更新していくことができます。ブランチを小さい単位で意味のあるグループとして考えられるGitだからこそ、プルリクエストに対しての修正として管理することができるのです。

また、GitHubの場合プルリクエスト機能がとても優秀で、コメントに対して修正が行われた場合、そのコメントをアコーディオンのように閉じてくれる機能が入っています。

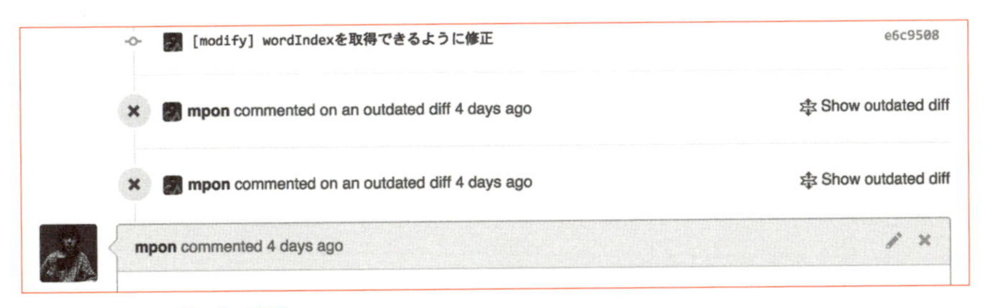

コメントのアコーディオン表示

このような、プルリクエスト作成時点の状態から、指摘や質問をし合いながら修正コミットを重ねていくことでコードがよりよいものになっていきます。このような流れのことをプルリクエストを育てると表現しましたが、感覚は伝わったでしょうか。

それでは、実際にやり方を見ていきましょう。

プルリクエストを利用したコードレビュー方法

今回は、GitHubの例で説明していきますが、プルリクエストの基本的な概念は他のサービスでもある程度同じように考えることができます。ここでは、画面の使い方というよりもブランチとプルリクエストの概念について説明していきたいと思います。

具体的な例のほうがイメージしやすいと思いますので、先ほど例として挙げたレシピの詳細画面の開発フローで説明していきます。実プロジェクトの設計のフェーズとしては、レシピ詳細画面がどんなデザインか、データベースからどんな値を取得するかなど多岐にわたりますが、いったんここでは簡易的に「レシピの名前」と「レシピの画像」「レシピの工程」をリスト形式で表示するとだけ決めたとします。詳細画面の担当者はこの仕様をもとに開発を進めていき、以下のようなコードを開発しました。

html: レシピ詳細画面

```
<!DOCTYPE html>
<html>
  <title> レシピ詳細画面 </title>
  <body>
    <h1> オムライス </h1>
    <h2> 画像 </h2>
    <div>
      <img alt=" オムライス " src="img/Omelett_rice.jpg" />
    </div>
    <h3> 工程 </h2>
    <div>
      <ol>
        <li> 玉ねぎと鶏肉とご飯を炒める </li>
        <li> 卵を焼く </li>
        <li> ケチャップをかける </li>
      </ol>
    </div>
  </body>
</html>
```

詳細画面を開発した担当者は、この修正をコミットしたブランチ、recipe_detail をプッシュしプルリクエストを作成しました。このプルリクエストに対して他の開発者がコードレビューを行っていきます。

1. ソースコードを見て指摘をする

プルリクエスト画面の File Changed タブで差分を確認してコードレビューを行っていきます。

ファイル差分表示

差分をレビューしていると、工程の見出しのところがh3タグが開始タグになり閉じタグがh2になっているところを発見しました（<h3>工程</h2>の部分）。ここではそれを指摘します。指摘をする場合は命令形や軽蔑的な言葉を使うのではなく、質問の形や謙虚な言葉でコメントするようにしましょう。typoを指摘するのに、「typo直せ」より、「typoだと思うんですがどうでしょう？」や「typoだと思うので修正お願いします！」のようなコメントにするといいでしょう。オンライン上のコミュニケーションは思った以上に冷たい印象を与えてしまいがちです。ポジティブなワードや絵文字などで雰囲気をよくすることは、チーム全員のスキルアップを目指し気持ちよく仕事を進めていくためにとても大切なことです。

指摘をコメント

2. 指摘を確認後、修正してコミット、プッシュする

指摘された人はそのコメントを見て間違いに気付きます。ここで、できることならなるべくコメントを返すことが重要です。間違いを指摘してもらったのですから、感謝の念を表現しましょう。また、ここで疑問があったら渋々指摘を受けるのではなく、必ず質問するようにしましょう。

コメントへの返信

まずはローカルリポジトリ上でプルリクエストを作成したときと同じブランチ（recipe_detail）に移動します。そして、typo があった部分を修正してローカルリポジトリにコミットした後、プルリクエストと同じブランチにプッシュします。ブランチに新しいコミットをプッシュするだけで、プルリクエスト画面では自動的に修正が反映されています。

コミット、プッシュ

```
$ git checkout recipe_detail
$ git add detail.html
$ git commit -m "[fix] typo 修正 "
$ git push -u origin recipe_detail
```

3. プルリクエスト画面で修正されたか確認する

指摘した開発者はプルリクエスト画面を確認します。Conversation タブを見ると一番下に新しくコミットが追加されていることが確認できます。このように時系列に沿って修正した内容やコメントが追加されていきます。

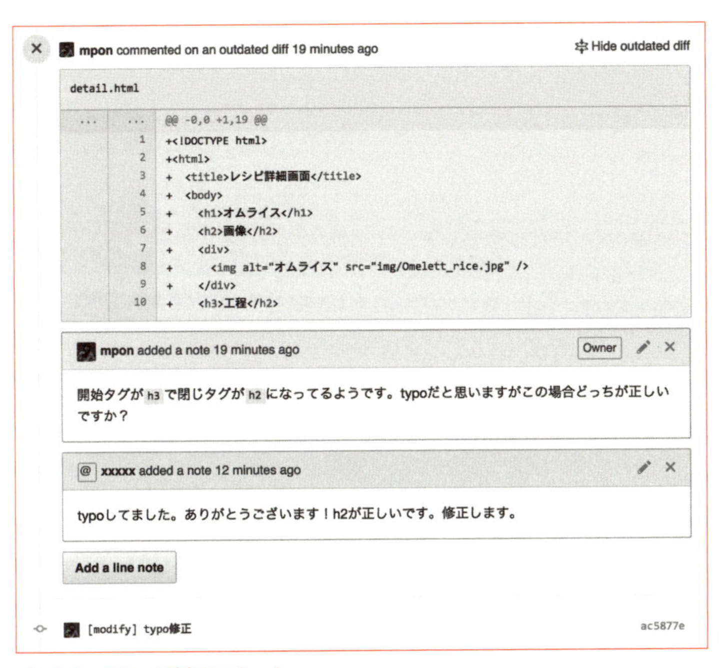

プルリクエストへの追加のコミット

このコミット番号がリンクになっているので、どのように修正したかが画面で確認することができます。

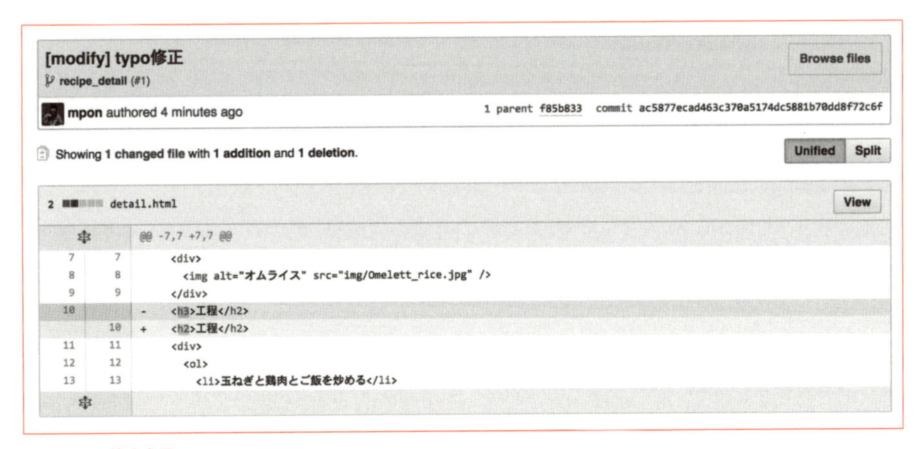

コミットの差分表示

ここまでのところで、プルリクエストに対して指摘やコメント、修正コミット、プッシュを繰り返しすことでよりよいコードにしていく流れがつかめたかと思います。これで、このプルリクエストが問題ないことをこのレビュアーは確認しました。では、このプルリクエストをどのようにメインブランチにマージしていけばいいのでしょうか。

メインブランチにマージする

マージは画面上からできる

プルリクエストを作成してコードレビューをして修正するところまでの流れを見てきました。後は、この変更をメインブランチにマージするだけですが、これも画面上から行うことができます。以下の画面を見てください。

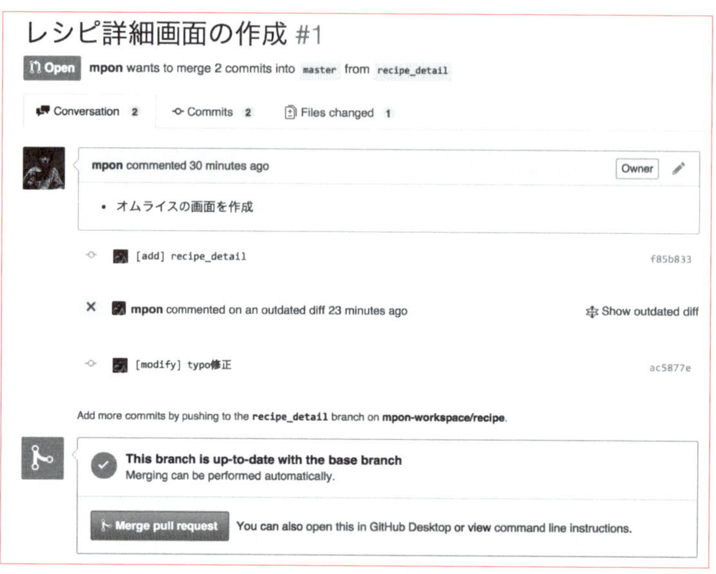

マージボタン

masterのメインブランチにマージするためにボタンが表示されていることが確認できると思います。このボタンを押すとこのブランチの変更がメインブランチにマージされます。コマンドを打ったり、別のGUIツールから操作する必要はなく、ブラウザ上で完結します。

masterとコンフリクトしていたら？

では、もしも、masterにマージできないようなコンフリクトが発生している場合はどうなるでしょうか。例えば、他の開発者が同じ部分のソースコードをすでに修正していた場合です。その場合もいちいち手元でコンフリクトが起きないかということを確認する必要はなく、画面上からコンフリクトしていることを確認することができます。

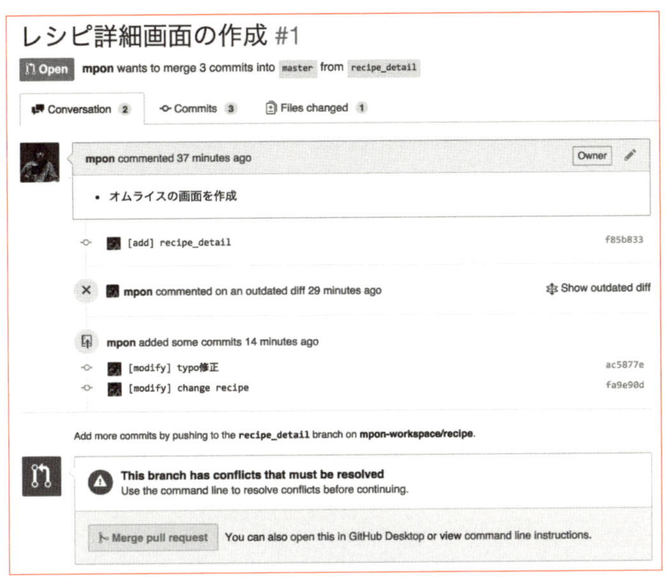

コンフリクト

このままでは、マージができないので、手元の環境でコンフリクトを解決します。まずは、fetch コマンドで master ブランチの最新の状態を取得します。そして最新の差分を recipe_detail ブランチにマージします。

マージした後のコンフリクト

```
$ git checkout recipe_detail
$ git fetch origin master
$ git merge origin/master
Auto-merging detail.html
CONFLICT (add/add): Merge conflict in detail.html
Automatic merge failed; fix conflicts and then commit the result.
```

merge コマンドを打った後に、いつもと違ったエラーメッセージが表示されていると思います。これは、マージしようとしたけどコンフリクトが起きているから自分でコンフリクトを解消しましょう、というメッセージなので焦ることはありません。

いったん、git status コマンドでどのファイルがコンフリクトを起こしているのかを確認してみましょう。

ステータスを表示

```
# ステータスを表示
$ git status
On branch recipe_detail
You have unmerged paths.
  (fix conflicts and run "git commit")
```

01

02

03

```
Unmerged paths:
  (use "git add <file>..." to mark resolution)

    both added:      detail.html

no changes added to commit (use "git add" and/or "git commit -a")
```

Unmerged paths と書かれたところに、both added と表示されたファイルが 1 つだけあります。このファイルがコンフリクトを起こしているようです。ではファイルの中身を見ていきましょう。

detail.html

```
<!DOCTYPE html>
<html>
  <title> レシピ詳細画面 </title>
  <body>
    <h1> オムライス </h1>
    <h2> 画像 </h2>
    <div>
      <img alt=" オムライス " src="img/Omelett_rice.jpg" />
    </div>
    <h2> 工程 </h2>
    <div>
      <ol>
        <li> 玉ねぎと鶏肉とご飯を炒める </li>
<<<<<<< HEAD                     ・・・・・・・・・・(1)
        <li> 卵を焼く（半熟を保つ）</li>
=======                          ・・・・・・・・・・(2)
        <li> 卵を焼く </li>
>>>>>>> origin/master            ・・・・・・・・・・(3)
        <li> ケチャップをかける </li>
      </ol>
    </div>
  </body>
</html>
```

ファイルの中にコンフリクトマーカーが挿入されました。(1) と (2) の間の部分が自分が変更した差分で、(2) から (3) の間の部分がメインブランチの差分ということになります。merge コマンドを打った時点でこのような上書きが Git により自動で行われ、ここを手動で修正することがコンフリクトを解消するという作業になります。

今回の場合でいえば、卵を焼くというところに変更があったようですが、仕様を確認したところ（半熟を保つ）が正しいようです。このような判断は Git にやってもらうのは難しいため、コンフリクトという状態として残ると考えてください。もし、Git が勝手にコンフリクトした部分のどちらかを採用してしまうと今回のようなケースの修正が埋もれてしまうことになります。

該当部分からコンフリクトに関する記号や除去し、以下のように修正します。

detail.html

```
    <ol>
      <li>玉ねぎと鶏肉とご飯を炒める</li>
      <li>卵を焼く（半熟を保つ）</li>
      <li>ケチャップをかける</li>
    </ol>
```

修正後は、どのようにコンフリクトを解消すればいいのでしょうか。これもgit statusコマンドの結果に書いてあります。

ステータスを確認

```
# ステータスを確認
$ git status
On branch recipe_detail
You have unmerged paths.
  (fix conflicts and run "git commit")

Unmerged paths:
  (use "git add <file>..." to mark resolution)

    both added:      detail.html

no changes added to commit (use "git add" and/or "git commit -a")
```

(use "git add <file>..." to mark resolution)と書いてあるので、git addすればいいことがわかります。

コンフリクト解消

```
$ git add detail.html
$ git commit
```

コンフリクトを解消した後のコミットメッセージは、自動的に以下のように追加されています。

コミットメッセージ

```
Merge remote-tracking branch 'origin/master' into recipe_detail

Conflicts:
> detail.html
#
# It looks like you may be committing a merge.
# If this is not correct, please remove the file
```

```
#>.git/MERGE_HEAD
# and try again.
```

コミットが完了したら、この状態で、push してみます。そして、もう一度 Web 画面を見てましょう。先ほど disable になって押せなかったマージボタンが再び押せるようになっています。これで、コンフリクトが解消され master にマージができるようになりました。

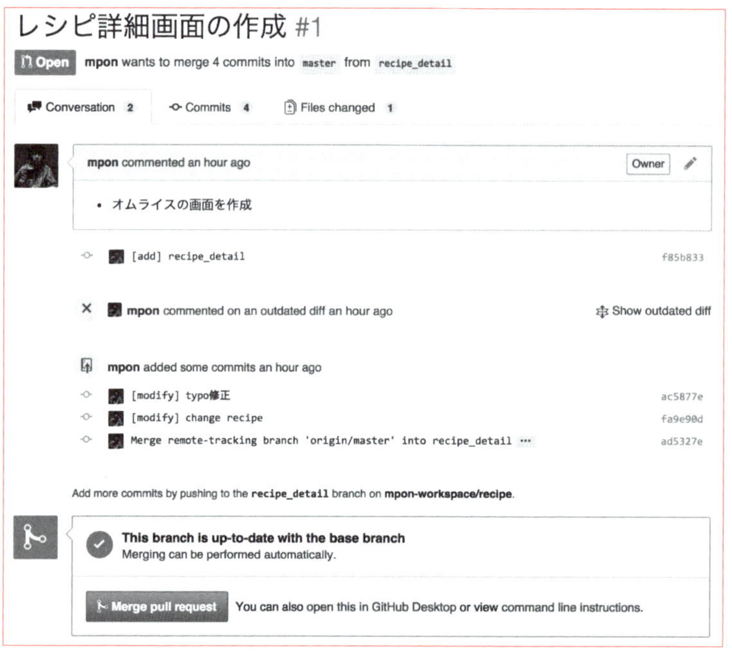

コンフリクトの解消

マージしていいかを表現する Approve

ここまでで、プルリクエストの画面上で修正やコンフリクトの有無の確認、マージ作業ができることがわかったかと思います。では、いつマージしていいかというのはどのように判断すればいいでしょうか。チーム開発では一般的に Approve するという考え方が取り入れられています。プルリクエストがコンフリクトしていないこと、指摘事項が修正されていることを確認したら、レビュアーは問題ないよという意味を込めてコメントします。このコメントの仕方ですが、慣例的に +1 や :+1:、LGTM（Looks Good To Me、日本語にすると「大丈夫そうだ」とか「よさそう」という意味）などをコメントしてマージしてもいいということを伝えます。それを見て開発者は、メインブランチにマージしていきます。

また、コメントの代わりに LGTM が表現された画像を貼るという習慣もあります。テキストコミュニケーションは概して必要以上に冷たい印象になってしまいがちです。例えば、+1 だけ書かれているとなんとなく寂しい印象を持ってしまう人もいるかもしれません。楽しい画像を貼って LGTM を伝えることで雰囲気が明るくなることが周囲に伝わるのでチーム開発を進めていく上ではおすすめな手法です。

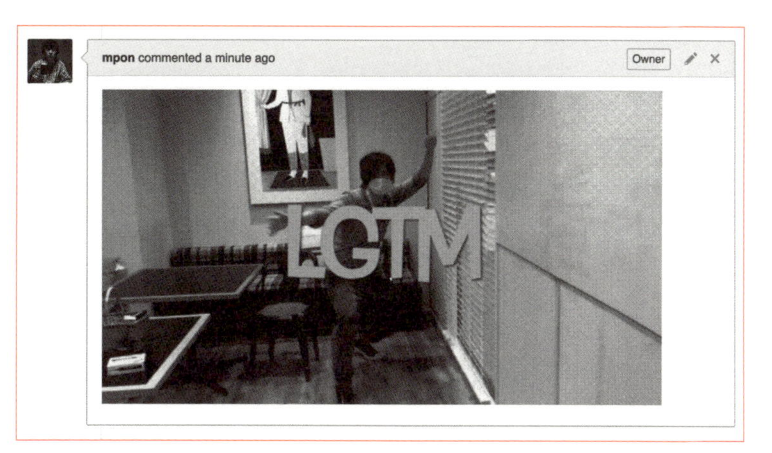

LGTM 画像

そして、この Approve という考え方はチームによってさまざまです。例えば 2 人以上の Approve がないとマージできない、マージボタンを押すのはプルリクエストを出した側ではなくレビュアー側が行う、プロダクトオーナーのような開発者ではないメンバーが行う、などのやり方があります。開発フェーズやチームの人数、熟練度によってタイミングは最善の方法を考えて実践していきましょう。例えば、リリース前は Approve 数は少なくてもいいので開発スピードを優先し、本番リリース後は品質を優先して Approve 数が 3 つ付かないとマージしてはいけないというルールにするといったものが考えられます。

プルリクエストの前にやっておきたいこと

ここまでで、プルリクエストの基本的な使い方について説明してきました。プルリクエストは他の開発者にレビューをしてもらい、よりよい品質のソフトウェアを作るためのものです。少なからず他の開発者の時間を使うことになるのでなるべくなら相手の負担を減らせるようにすることがとても大切です。

プルリクエスト作成時の概要はわかりやすく

レビュアーが概要を見ただけで一体自分は何をレビューすればいいかが伝わりやすい文章を書く必要があります。開発者は理系の能力だけ持っていればいいと思われがちですが、こうした文章でのコミュニケーションが多いため、読解力や伝える力がないと務まりません。かといって、毎回伝えやすい文章を書くために時間を使うのも本質的ではありません。

そのためにはプルリクエストの概要を書くためのフォーマットを書いておくといいでしょう。例として以下のようなフォーマットです。

```
# なぜこの変更をするのか
- 検索機能にリアルタイム検索機能を追加
- チケット番号
```

```
# 技術・UI変更点
- 新しくモデルを追加して関連を持つように変更した
- デザインの仕様書に合わせて検索エリアを変更した

# 今回後回しにした項目
- 一覧画面との接続
```

このような、プルリクエストのフォーマットを決めておくとどこを重点的にレビューすればいいかが伝わりやすくなります。フォーマットを決めておけばメンバーの入れ替わりなどが起きたとしても、教育やコミュニケーションコストを少なくすることができます。

また、人の目に触れるものの体裁というのはとても大切で、最低限の体裁が整っていないと一番重要なところを指摘してもらえずどうでもいいところを指摘されて終わってしまいがちです。ソフトウェアにとって一番大切なものはコードなのでそこに目が行くような概要を書くように心がけましょう。

目視確認なんてもったいない！静的コード解析を導入する

概要を書いてレビュアーの負担を減らすということを書きましたが、静的コード解析を導入することで無駄な指摘をせずに済むようになります。

例としてはインデントがずれている場合や；が不要な言語でセミコロンを書いてしまっている場合などです。コンパイル系の言語の場合はコンパイルできない場合は警告を出してくれますが、スクリプト系言語の場合はそのような機能はありません。JavaScriptにはJSHintのようにルールに沿った書き方をしていないと指摘してくれるツールもあります。

レビュアーの負担を減らすという目的もありますが、あまりにも細かい指摘をし過ぎるとされている方もいい気分ではありません。それを自分の環境で自動的に静的解析を導入すれば、誰も傷つかずに実施することができます。

Git Hooksの仕組みを利用して、プッシュのタイミングで常に静的解析を動作させ、結果をフィードバックする仕組みなども作れます。静的チェックが通ってないコードは受け付けないリポジトリを作ることもできますが、どこまで実施するかはチームで話あってちょうどいいレベルを決めて導入しましょう。

レビューを無駄にしない！プルリクエストの前にユニットテストを導入する

コードレビューには、マージできるかどうかを判断するという目的があります。その場合にプルリクエストがあったコードが本当に問題ないか、ビルド可能か、他の機能にデグレ（デグレード＝以前のバージョンより劣化すること）がないかということも判断する必要があります。コンパイル型言語の場合には、一度自分の環境にクローン、チェックアウトしてビルドできるかどうかなどを検査しなければなりません。しかし、それをレビュアーに負担してもらうとなると二度手間になってしまいます。

そこで重要なのがユニットテストです。ユニットテストを書いておくと、ビルドができて、デグレーションが起きていないことを、完全ではありませんが、最低限保証することができます。テストをパスしていることが確認できているだけでも、レビュアーはコードの書き方や設計方法にフォーカスしてレビューをすることができます。

ユニットテストを書いておけば、プルリクエストを出す側もテストが通っていること、新しい機能もテストされていることを確認することができます。3章で紹介するCD（continuous delivery）の考え方を導入して、単体テスト・結合テスト・静的解析ツールが自動で実行するように一連の流れをシステム化するのもいいかもしれません。

レビューする観点を決めておく

コードレビューを導入することのメリットとして、開発者が他者にソースコードを見られるという意識を持つようになることが挙げられます。一人だけで開発しているとちょっとぐらいいいかという気持ちが出てきてしまいがちです。例えば次のようなことを考えてしまったことはないでしょうか？

- 変数名でよりよいものが思いついたから関係ない箇所も修正してしまおう
- if と else よりも見やすいと思ったので三項演算子にしてしまおう
- early return のほうが見やすいと思ったので書き直してしまおう

他人に見られる意識があればこういった思いつきの修正などはしにくくなります。最悪、レビューで全く指摘がなかったとしても、誰かに見られていることがいい抑止力になります。

上で述べたようにコードレビューという運用を入れるだけでメリットは十分にありますが、より品質を高いものにするためには、レビューする側も思いつきでレビューしていてはいけません。プルリクエストフォーマットを決めるということと同様に、レビューする観点も決めておくことが大切です。

レビューの観点というのを決めるのは大変難しく、レビュアーの負担とレビューの質のトレードオフになります。例えばiOSやAndroidなどの開発時に実機での確認を入れてしまうとレビュアーにとっては負担が増えます。負担が増えるということはプルリクエストのレビューに着手する心理的な障害が高くなり、結果着手が遅くなってしまいます。

チームや開発のフェーズがどこにあるかや、チームの成果物がネイティブアプリなのか、サーバサイドアプリケーションなのか、フロントエンドなのかなどによって観点は変わってきてしまいますが、以下のような観点を決めておきます。

- 仕様と合っているかどうか
- コーディング規約に沿っているか
- テスト方針に沿ったテストが書かれているか
- クラッシュしそうな書き方をしていないか
- ライブラリでできることを再実装していないか

コーディング規約の決め方についてですが、変数名・関数名・書式・タブ・三項演算子の利用など決める事柄はたくさんあるため、全て一から作るのではなく、Google や GitHub が公表しているスタイルガイドなどを参考にしながら、チーム内でのコーディングルール（もしくはフォーマッタ）をメンテナンスしていくといいでしょう。

そして、重要なのが自分がレビューしているソースコードをメンテナンスできるかという視点です。レビュー時点で実装方法が理解できなければ、将来メンテナンスできないということになります。コードレビューはスキルの高い開発者がスキルの低い開発者の指摘をするためだけのものではありません。

新人の開発者でも、そういう場面に出会ったら、プルリクエストのコメント機能を使って些細なことでもいいので、どんどん質問してみましょう。また、参考になる実装方法などを見付けたら褒めたり、知らなかったことがあればそれを伝えるのもいいかもしれません。指摘事項がない場合は、全体の感想を述べるだけでもいいと思います。コードレビューでコミュニケーションがしやすい環境を作ることが重要であると筆者は考えています。

WIP プルリクエスト

WIP とは Work In Progress の略で作業中を意味します。プルリクエストは完全に開発が終わった後でしか出していけないというわけではなく、当然ですが作業中のままでもプルリクエストを出すこともできます。流れとしては以下のようになります。

1. ローカルリポジトリでブランチ作成（またはリポジトリを Fork）
2. ローカルリポジトリで開発
3. 初期段階でプルリクエストを作成（WIP プルリクエスト）
4. レビュアーと開発者が GitHub のプルリクエスト上で会話をしながら開発を継続
5. Approve されたら取り込み

このWIP プルリクエストはどんな場面で使われているのでしょうか。

開発者の心理を考えてみると、コードレビューされる、人の目に触れるということを意識すると、どうしても完成してからプルリクエストを作成という思考に陥ってしまうことが想像できます。完璧を求めるのも正しいのですが、プルリクエストの作成が遅れていくと急に完成形を見せられるレビュアーの負担が大きくなったり、全体の進捗が見づらくなってしまいます。

このようなことを防ぐためにも WIP プルリクエストという方法は有効で、例えば、出社後帰宅する前には必ず作業中のものは WIP プルリクエストをしてから帰るというルールを設けることで心理的な障害を取り除き作業を常に可視化することもできます。

また、一度に大きな差分をレビューすることもレビュアーにとっては大きな負担になります。全部見たとしても小さな差分のときよりも見落としなどが多くなりがちです。ある機能を開発するときに全てが完了するまでプルリクエストにしないというより、その機能が分割できないか考えてみましょう。自分の頭の整理にもつながりますし、他の開発者の負担も減らすことができます。全てはよりよい品質のソフトウェアを作るためなのです。

empty commitによるWIPプルリクエストの作成

プルリクエストは作成したら必ずマージをしなくてはならないわけではなく、マージせずにクローズすることもでき、プルリクエストには題名と概要などが書ける考え方を組み合わせると、仕様や設計上の疑問点を実装する前に確認してから開発に入ることができます。

ただし、プルリクエストは差分のコミットがないと作成することができません。プルリクエストを作成するためだけに、無駄な修正を加えるのも本末転倒です。

これもGitならではの機能で解決することができます。git commitには修正がなくても空のコミットを作成する--allow-emptyというオプションが用意されています。下記のコマンドを打つことで、空のコミットが作成されプルリクエストを作ることができます。

空コミット

```
# 空コミット
$ git commit --allow-empty -m "[add] 新機能の開発開始"
```

空コミットを利用したプルリクエストの流れは以下のようになります。

1. ローカルリポジトリでブランチ作成（またはリポジトリをFork）
2. 空コミットする（プルリクエストタイトルにするコミットメッセージ）
3. 開発前にプルリクエストを作成
4. 開発を開始
5. レビュアーと開発者がGitHubのプルリクエスト上で会話をしながら開発を開始
6. Approveされたら取り込み

空コミットを作ってプルリクエストを作るというテクニックは変わったことのように見えて、実は当然の手法とも考えることができます。開発を始めるにあたり、そもそも、仕様や作ろうとしている対象について本当に認識は合っているでしょうか。また作り方、実装方針などは擦り合わせられているでしょうか。

その認識を合わせるために空のコミットだけのプルリクエストを作ることでお互いの認識合わせをすることができます。もし、問題がなければ、そのままプルリクエストを育てていけばいいだけです。この時点であれば、レビューする側もコードは1行も書かれていないので、気軽にコメントをすることができますし、メリットも大きいはずです。

まとめ

以上で「チーム開発の効率的な設計・運用」は終了です。この章でおさえておきたいポイントは、以下の通りです。

- 他リポジトリをリモートリポジトリとして設定可能で、全員で同じリモートリポジトリを指定することで、複数人が参照・更新できる
- リモートリポジトリを参照するフェッチ(git fetch)とプル(git pull)、及び、リモートリポジトリを更新できるプッシュ(git push)という仕組みがある
- リモートリポジトリの開発への参加は、git cloneを用いてリモートリポジトリを同期してから始める方法と、git remoteでリモートリポジトリを設定しローカルリポジトリの内容を同期してから始める方法がある
- ブランチを用いる事で、履歴を分岐し、分岐先において異なる履歴をたどれるため、同時に平行開発ができる
- 分岐したブランチは、マージやリベースを用いて好きなタイミングで開発履歴を統合することができる
- マージ戦略には複数の選択があり、並行開発の状況によって自動的に戦略が選択されるため、履歴をどう維持するかを考えてマージする必要がある
- git-flowではmaster/developという全員が参照するメインブランチ、及び、開発を実際に行うfeature/hotfixとリリースに使うreleaseブランチを含めたサポートブランチがある
- コードレビューにはGitHubのプルリクエストの仕組みを組み込むことで、開発フローの設計がしやすくなる

Gitを用いたチーム運用の概念とそれに必要なコマンドの使い方と挙動、そしてトレンドとなっているブランチ運用やプルリクエストを用いたコードレビューのフロー設計を学んできました。以上により、チーム運用の設計に必要なコマンドを使いこなし、チームにおけるコード運用フローや開発フローの設計にどうGitを用いたらよいかが考えられるようになっていると思います。自分で考え出すのが難しい時は、ベストプラクティスや一般的な手法をそのまま真似しながら、自分のチームで少しずつやり方を変更していくことで設計していくといいかもしれません。

Chapter 03

実践での使いこなしとリリース手法

これまでの知識で、Git コマンドは一通り使いこなし、リモートリポジトリを用いたチーム開発も基本は設計できるようになっていると思います。しかし、実際の現場では、更に複雑な要件が出てきて、教本通りの開発フローを適用しようとしても不十分だったり、さらには、普段は利用しないようなコマンドを知っておくことでカバーできる要件も出てきます。また、継続的にリリースを繰り返すには、チーム運用以外に、リリース手法についての設計も必要となってきます。ここでは、以上のような、基礎だけではおさえきれない実践で出会う問題とその対応のノウハウを通してさらに Git を深く学んでいきます。

01

02

03

Chapter-03
01

チーム開発における最適なブランチ運用とコード運用

自分たちのチームに合ったブランチ運用戦略を立てるためのヒントとして、git-flow以外のブランチ運用パターンをいくつか紹介します。

git-flowはあなたのチームに合っているか？

第2章では、Gitのブランチを有効活用してチーム開発を実践する方法について紹介しました。ブランチ運用戦略としてgit-flowをベースに説明しましたが、その冒頭で触れられている通り、git-flowはあくまでブランチ運用のベストプラクティスの1つに過ぎません。実際にチーム開発でgit-flowに沿った開発を行ってみると、ちょっと冗長に感じるところや、足りないと感じるところが必ずあらわれることでしょう。そんな場合、現場では必ずしもgit-flowのルールを厳密に守る必要はありません。自分たちのチームの中で、スムーズに開発フローを回すための最高のブランチ運用戦略を立てましょう。

git-flowを実際に運用していると見ている問題点とは、具体的にはどんなものでしょうか？　現場によって問題は多種多様ですが、例えばWebサービス開発の中で頻繁に出てくる問題点は次のようなものです。

Web開発でgit-flowを実践したときの違和感

git-flowを運用する上で最も感じるであろうことが、管理しなければならないブランチが多すぎる点です。細かなブランチ運用のルールによってソフトウェアリリースが厳密に管理されるようになったのと引き換えに、複雑なブランチ管理が必要になりました。git-flowはパッケージリリースを必要とするようなソフトウェア開発にはマッチしますが、頻繁にリリースを繰り返しすようなWeb開発には適しているとはいえません。git-flowの初出は2010年初頭のことです。当時には一日に複数回リリースするのが当たり前の近年のWeb開発シーンを想像できなかったでしょう。

あなたの開発チームでは、git-flowのmaster、release、developブランチの各責任をうまく分けられているでしょうか？　一般的なWeb開発では、定常的なエンハンスや修正はソースコード凍結などの待ちなくすぐさま本番環境へリリースされることでしょう。これをgit-flowに照らし合わせると、リリースを管理するreleaseブランチは生成してすぐにmasterにマージされることになります。従ってreleaseブランチの寿命は非常に短くなるので、releaseブランチとmasterブランチの両者の区別が曖昧になります。そこでいっそのこと、git-flowからreleaseブランチをお役御免にしてしまいたくなります。ところが、masterブランチとは別に、releaseブランチを残しておいて「いつ何をリリースしたのか」の記録をとっている場合は、簡単にreleaseブランチをなくすわけにはいきません。このような細かな要求に応えながら、ブランチ管理を極力シンプルな形にできないでしょうか？

git-flow の短所を補うブランチ運用パターン

git-flow をより Web 開発に適した形に変更したブランチ運用のパターンとして、GitHub flow を紹介します。このブランチ運用パターンは GitHub が提唱したもので、GitHub のサービスを活用しつつスピーディーな Web 開発に適した形になっています。GitHub flow の特徴と、git-flow との違いについて解説します。

スピーディーな Web 開発を実現する GitHub flow

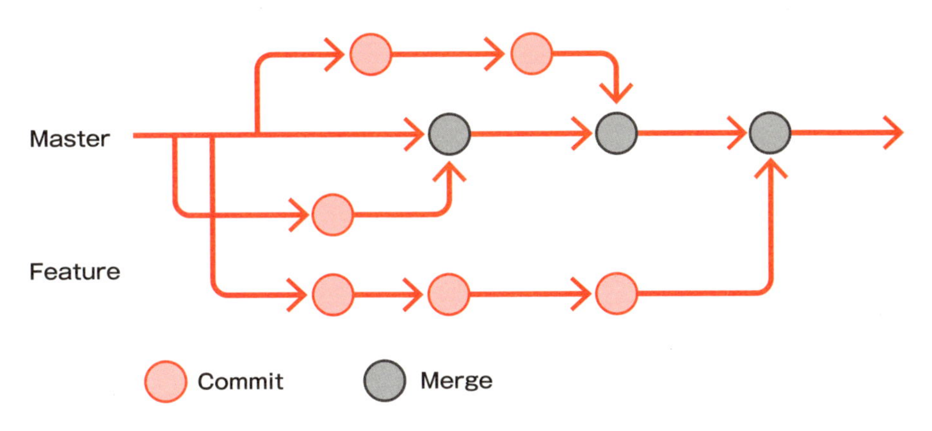

GitHub flow

GitHub flow は、GitHub 社自身が社内で実践しているブランチ運用パターンです。GitHub flow には、次のような特徴があります。

- master ブランチはいつでもデプロイ可能な状態になっている
- 新たな開発を行う場合は、master からブランチを新規にチェックアウトして行う。そのブランチ名は、名前だけで開発の概要がわかる自明なものにする（例：new-oath2-scopes）
- 自分の開発ブランチをマージしてほしくなったら、GitHub上でプルリクエストを行う。作りかけの状態であっても、自分の作業を誰かに見てほしいときや助けを求めたいときにもプルリクエストを活用する
- master（いつでもデプロイ可能なブランチ）にマージできるのは、プルリクエスト上でマージされたブランチのみ
- 開発ブランチが master にマージされたら、速やかに master ブランチをデプロイする

図と上述の概要からわかる通り、GitHub flow で明確に定義されたブランチは master ブランチと開発ブランチの 2 種類しかありません！　git-flow で定義されているブランチの数と比較して、圧倒的に簡略化されています。管理すべきブランチと、GitHub flow に則った開発の手順は次のようになります。

ブランチ

- master ブランチ：製品出荷ブランチ。いつでもデプロイ可能であり、本番環境へのリリースは唯一このブランチから行われる
- feature ブランチ：開発を行うためのブランチ

開発フロー

1. master ブランチから開発用 (feature) ブランチをチェックアウトする
2. feature ブランチ上で開発する
3. 開発が終わったら（あるいは他の人に見てほしくなったら）master ブランチに向けて feature ブランチのプルリクエストを作成
4. 他の開発者がプルリクエストをレビュー
5. レビューが完了したらプルリクエストをマージする
6. feature ブランチがマージされた master ブランチを速やかに本番環境へデプロイする

管理すべきブランチが簡略化されたことによって、git-flow に比べて開発の手順もとても簡単なものになりました。GitHub 上でのプルリクエストの具体的な作成方法や、レビューの仕方については、02-05「コードレビューを実践する」の説明を読み返しながら実践してみるのがいいでしょう。

git-flow は、頻繁にリリースを繰り返しすWeb 開発フローに最適化したフローで、開発者の負担の軽減やリリース作業の省力化・高速化をもたらします。しかし、ブランチによる開発フローの制約が薄れる分、GitHub flow が現場で成功するためには次のような条件が必要になるでしょう。

GitHub flow 成功の条件

GitHub flow を成功させるためには 3 つの条件があります。

高頻度でリリースが可能な業務要件であること

開発したコードは完成次第すぐさまデプロイできる環境である必要があります。リリースの前準備に、テストなどに長期間を費やすようなソフトウェア開発には向きません。例えば、審査が必要な iOS アプリや、出荷前に数多くのテストを必要とするミッションクリティカルなソフトウェアなどです。

出荷する製品が最新のバージョンただ 1 つのみであること

Web サービスの開発に合わせて master ブランチ 1 つで製品の出荷を管理しているため、バージョン別リリースのように複数の製品ラインを持つソフトウェア開発には向きません。

master ブランチを速やかにデプロイできるリリースシステム

master ブランチがいつでもデプロイ可能である状態にするためには、リリースシステムの充実も必須です。プルリクエストが master にマージされたのを検知して、自動的に本番環境をリリースするようなシステムが必要になるでしょう。具体的な自動化の方法については、03-03「継続的デリバリ」をヒントにしてください。

出典　GitHub Flow（http://scottchacon.com/2011/08/31/github-flow.html）、日本語訳（https://gist.github.com/Gab-km/3705015）

開発の現場に即した最適なブランチ運用フローを考えよう

本節では、git-flow 以外の具体的なブランチ運用パターンとして、GitHub flow を紹介しました。繰り返し述べた通り、これらのブランチ運用パターンはどんなソフトウェア開発の現場でも通用する「銀の弾丸」ではありません。現場の要求に合わせて、ブランチ運用は柔軟にカスタマイズするものです。例えば、git-flow で release ブランチの必要性を感じなくなったら、release ブランチをなくして master ブランチから出荷するようにしてみましょう。あるいは GitHub flow を実践して、リリースの前段階で QA チームによる確認ブランチが必要になったら、qa ブランチを追加してみましょう。開発チームで議論して試行錯誤しながら、最高のブランチ運用戦略を編み出しましょう。

複数の Git リポジトリにまたがった開発をする

開発の規模が大きくなるにつれて、外部ライブラリや共通モジュールの利用がつきものになってくるでしょう。そこで、Git リポジトリから他の Git リポジトリを参照するような構成を作りたくなるはずです。そんなときに役に立つのが git submodule です。これは、Git リポジトリ間の依存関係を定義し、管理する機能を提供します。git submodule の使い方を説明する前に、この機能がどんな場面で使われるかいくつか例示します。

- 異なる Git リポジトリ間で何かを共有する：例）公開ライブラリをフォークして手を加えた独自ライブラリ
- 誰かが作ったライブラリをインポートする：例）自分が操作する権限がない外部の公開ライブラリ
- 巨大あるいは数が多いファイルを別リポジトリに分ける
- 複数リポジトリに分かれているが、出荷時には束ねられてパッケージされるようなプロジェクト
- コードベースのリポジトリとは別で管理したい機密のファイルを分ける：例）API キーや機密性の高いコード

出典　Submodule use cases（https://github.com/jlehmann/git-submod-enhancements/wiki/Submodule-use-cases）

git submodule で外部リポジトリを自リポジトリに取り込む

それでは実際に、git submodule を使ってみましょう。先に例示した「コードベースのリポジトリとは別で管理したい機密のファイルを分ける」というユースケースを考えてみます。ここでコードベースを管理するリポジトリは yourapp.git（Ruby on Rails プロジェクト）、API キーが入っている秘密のリポジトリを secrets.git とします。それぞれのディレクトリ構成は次のようになっています。

yourapp.git

```
#yourapp.git
.
├── Gemfile
├── README.rdoc
├── Rakefile
├── app
├── bin
├── config
│   └── (secrets/secrets.yml) # secrets ディレクトリ以下をサブモジュール化し
たい
├── config.ru
(中略)
└── vendor
```

secrets.git

```
#secrets.git
.
└── secrets.yml
```

API Key が記されたファイルは、yourapp.git リポジトリ内の ./config/secrets ディレクトリ以下に配置するものとします。secrets.git は ./config/secrets ディレクトリの構造そのまま抜き出したディレクトリ構造になっているので、ルートディレクトリに secrets.yml が配置されています。前提条件が出揃ったところで、git submodule コマンドを使ってリポジトリ間の連携を試してみましょう！

まずはじめに、git submodule add コマンドを使ってサブモジュールを追加します。このコマンドでは、第一引数にリモートリポジトリのアドレスを、第二引数にチェックアウトするディレクトリを指定します。

サブモジュールの追加

```
# yourapp リポジトリに入る
$ cd yourapp
# サブモジュールを追加する
$ git submodule add git@github.com:<yourname>/secrets.git config/secrets
Cloning into 'config/secrets'...
remote: Counting objects: 3, done.
remote: Total 3 (delta 0), reused 0 (delta 0)
Receiving objects: 100% (3/3), done.
Checking connectivity... done.
# `secrets.git` リポジトリが正しくチェックアウトされたことを確認
$ ls -a config/secrets
.           ..          .git        secrets.yml
```

git submodule add コマンドによって、secrets.git リポジトリが yourapp.git リポジトリの config/secrets ディレクトリ以下にサブモジュールとして正しく追加されたことを確認できました。ここで、サブモジュールの追加によって Git リポジトリにどのような変更が加えられたのか、git status を使って確認してみましょう。

Git リポジトリの状態確認

```
#Git リポジトリの状態確認
$ git status
On branch master

Initial commit

Changes to be committed:
  (use "git rm --cached <file>..." to unstage)

        new file:   .gitmodules
        new file:   config/secrets
```

サブモジュールの追加によって、.gitmodules とサブモジュールのディレクトリが新規に追加されています。.gitmodules の内容は次のようになっています。このファイルには、追加されたサブモジュールの配置パスと、リモートディレクトリの設定が記述されます。

.gitmodules

```
[submodule "config/secrets"]
        path = config/secrets
        url = git@github.com:<yourname>/secrets.git
```

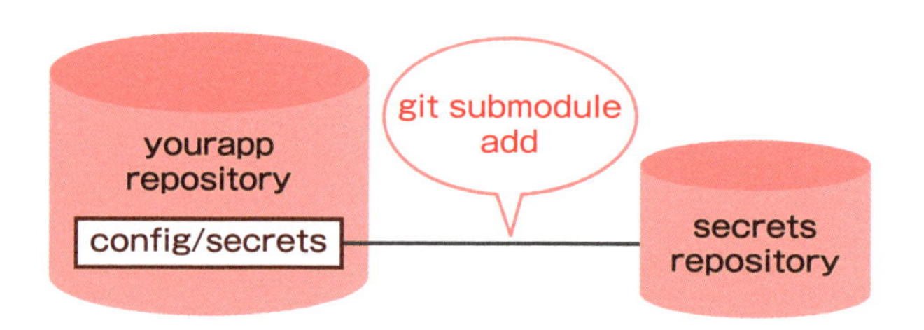

次に、サブモジュールとしてチェックアウトしたconfig/secretsディレクトリがGitリポジトリ内で扱われているか確認してみます。すると、Subproject commitとしてチェックアウト時のsecrets.gitのコミットIDのみが記録されていることがわかります。

config/secretsの管理方法を確認

```
diff --git a/config/secrets b/config/secrets
new file mode 160000
index 0000000..9ea115c
--- /dev/null
+++ b/config/secrets
@@ -0,0 +1 @@
+Subproject commit 9ea115cefd0cfa1541e4cfc72afd9878b1fe0fc7
```

この情報が示す通り、yourapp.gitリポジトリはサブモジュールとして追加されたsecrets.gitリポジトリの情報を、config/secretsに記録されたチェックアウト時のコミットIDのみで管理します。そのおかげで、yourapp.gitリポジトリのインデックスにsecrets.gitリポジトリ内のファイルは記録されないということになります。

次に、サブモジュールを追加したリポジトリを他の人にクローンして使ってもらいましょう。上述の通り、サブモジュールの仕組み上yourapp.gitリポジトリをクローンしただけではサブモジュールのconfig/secretsはチェックアウトされません。

サブモジュールを手に入れるためには、まずgit submodule initで.gitmodulesの設定をローカルリポジトリに反映させます。さらにgit submodule updateコマンドでconfig/secretsに記録されたコミットIDでチェックアウトします。

サブモジュールを手に入れる

```
# `yourapp.git` リポジトリをクローン
$ git clone git@github.com:<youappname>/yourapp.git
Cloning into 'yourapp'...
remote: Counting objects: 63, done.
remote: Compressing objects: 100% (52/52), done.
remote: Total 63 (delta 2), reused 0 (delta 0)
Receiving objects: 100% (63/63), 15.09 KiB | 0 bytes/s, done.
Resolving deltas: 100% (2/2), done.
Checking connectivity... done.
$ cd yourapp
# `git submodule init` でサブモジュールの設定をローカルに反映
$ git submodule init
```

```
Submodule 'config/secrets' (git@github.com:<yourapp>/secrets.git)
registered for path 'config/secrets'
# `git submodule update` でサブモジュール (`secrets.git`) をチェックアウト
$ git submodule update
Cloning into 'config/secrets'...
remote: Counting objects: 3, done.
remote: Total 3 (delta 0), reused 0 (delta 0)
Receiving objects: 100% (3/3), done.
Checking connectivity... done.
Submodule path 'config/secrets': checked out '9ea115cefd0cfa1541e4cfc72af
d9878b1fe0fc7'
```


これでサブモジュールが入ったGitリポジトリを誰でもセットアップできるようになりました。今度は、サブモジュールの更新を取り入れてみましょう。これは簡単で、yourapp.gitのconfig/secrets以下でgit pullを使ってsecrets.gitの更新を取り込むだけです。

secrets.gitの差分を取り込む

```
$ cd config/secrets
# `secrets.git` の差分を取り込む
$ git pull origin master
remote: Counting objects: 3, done.
remote: Total 3 (delta 0), reused 0 (delta 0)
Unpacking objects: 100% (3/3), done.
From github.com:<yourname>/secrets
 * branch            master     -> FETCH_HEAD
   9ea115c..0eabb7c  master     -> origin/master
Updating 9ea115c..0eabb7c
Fast-forward
 secrets.yml | 2 ++
 1 file changed, 2 insertions(+)
```

config/secretsディレクトリを出て、yourapp.gitから見てサブモジュールのコミットIDが変化していることを確認してみましょう。git diffコマンドでサブモジュールが先ほど取り入れたもののコミットIDになっていることがわかります。

config/secretsの管理方法の確認

```
diff --git a/config/secrets b/config/secrets
index 9ea115c..0eabb7c 160000
--- a/config/secrets
+++ b/config/secrets
@@ -1 +1 @@
-Subproject commit 9ea115cefd0cfa1541e4cfc72afd9878b1fe0fc7
+Subproject commit 0eabb7cc0d54d7f4225f3c35653f02c8b20133c7
```

更新の取り込みが終わったら、yourapp.gitの差分をいつものようコミットするだけです。

他の開発者は、サブモジュールが更新されていることがわかったら逐次 git submodule update でサブモジュールの変更を取り込む必要があります。

出典　Git のさまざまなツール - サブモジュール（https://git-scm.com/book/ja/v1/Git-Git- のさまざまなツール - サブモジュール）

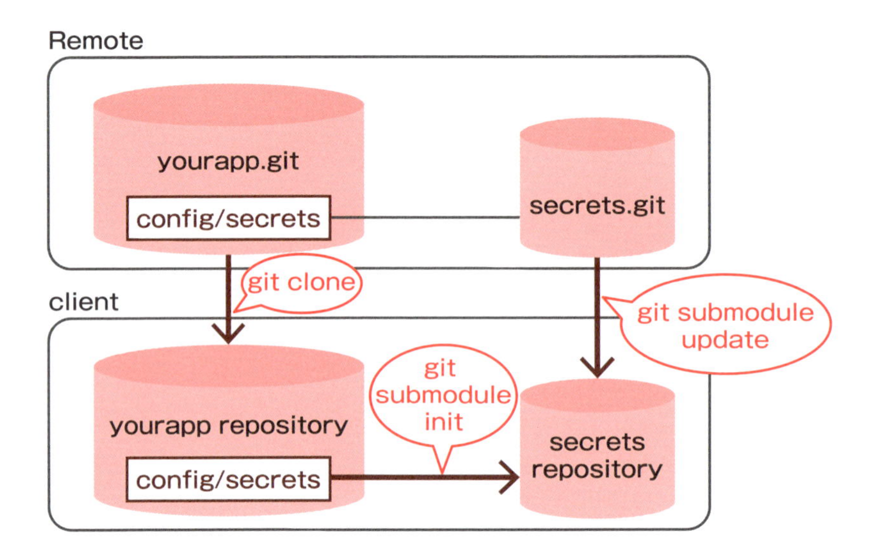

本項では、具体例を通じて、git submodule を使って複数リポジトリを連携して扱う方法について紹介しました。git submodule を使う方法は、一見簡単で便利のように見えますが、簡単すぎるがゆえに運用上の問題点が発生しがちです。

git submodule を利用する際の注意点

git submodule の問題点は、「submodule の参照が Subproject commit というリポジトリのコミット ID へのポインタでしか管理されていない」ことです。例えば、あるサブモジュールのコミット ID がブランチ間で異なっている場合を考えてみましょう。この状態で git checkout コマンドでブランチを切り替えても、サブモジュールとしてインポートしたリポジトリはそのブランチ上でのコミット ID でチェックアウトされるわけではありません。これを反映させるためには、都度 git submodule update を実行する必要があります。サブモジュール以下のファイルの変更は、インポート元の Git リポジトリからは見えないので、git submodule update によるサブモジュールの更新反映はしばしば忘れがちです。このため、チーム開発ではこの「サブモジュール更新忘れ」による開発者同士の認識ずれが起こることがよくあります。さらにサブモジュールが頻繁に更新される場合はなおさらミスのリスクは高まるでしょう。

複数のチームによるシステム開発であっても、同一の Git リポジトリ上で開発を行った方がリポジトリ間の調整をしなくて済むのでコミュニケーションコストが少ないこともあります。サブモジュールを使う前に、「本当にリポジトリを分割する必要があるのか？」をよく検討しましょう。

Chapter-03

02

Git をとことん使いこなす

大きなファイルの差分管理や、コミットしてしまったファイルを完全に消したい場合など、Git を使っていく上で実際に出会うであろうケースをもとに、問題・課題を解決する TIPS を紹介します。

Git におけるトラブルシューティング

開発の現場で実際に Git を運用してみると、コードの他にもいろいろなファイルを Git リポジトリの管理下に置きたくなるでしょう。

- 何らかの画面を構成するのに必要な画像や動画などのメディアファイル
- Excel や Word で書かれたドキュメント

プロジェクトに必要なありとあらゆるファイルがバージョン管理できるようになるのは、さぞかし便利なことでしょう。しかし、たくさんのファイルを Git の管理下に置くとさまざまな問題が出てくることがわかります。この項では、Git でさまざまなファイルを管理したときに起こる問題とそのトラブルシューティングについてそれぞれ説明していきます。

リモートリポジトリに push できなくなってしまったとき

GitHub で大きなファイルを含むコミットをリモートリポジトリに push すると、次のようなエラーが出ることがあります。

大きなファイルをコミットして Push する

```
# 大きなファイル "large_file" をコミットして push します
$ git push origin master
remote: warning: Large files detected.
remote: error: File large_file is 123.00 MB; this exceeds GitHub's file
size limit of 100 MB
```

エラーが出る原因は、そのメッセージの通り GitHub が 100MB 以上のファイルを受け付けないためです。執筆当時の状況では、GitHub のサービスとしてそのような仕様になっているため、どうしても 100MB 以上のファイルをリモートリポジトリで扱いたい場合は、原則として GitHub 以外の git リポジトリへ移行するしかないでしょう。

原則として、と断り書きをしたのには理由があります。GitHub 社が開発した Git Large File Strorage（LFS）という Git の拡張機能を利用すれば、大きなファイルをリポジトリ外のリモートサーバに配置した状態で Git リポジトリの管理が可能になるからです。LFS はごく最近（2015 年 4 月）にアナウンスされたばかりで、まだまだ発展段階のシステムです。利用には慎重な検討が必要になりますが、大きなファイルを含めた Git ワークフローを運用するための 1 つの選択肢として、本書では LFS の使い方について後で紹介します。

リポジトリの歴史から大きなファイルを取り除く

前述のようなケースで、もし大きなファイルをコミットしてしまった場合は、リポジトリの歴史からコミットされた大きなファイルを取り除かなくてはなりません。例えば、コミットしてしまった大きなファイル large_file は git rm --cached を使ってコミットから取り除くことができます。--cached オプションを使えば、ワークスペースには large_file を残したまま安全にステージングからファイルを消せます。

ステージングからファイルを消す

```
# ステージングからファイルを消す
$ git rm --cached large_file
rm 'large_file'
$ git status # ステージングから large_file が削除された変更がなされたことを確認
git status
On branch master
Changes to be committed:
  (use "git reset HEAD <file>..." to unstage)

        deleted:    large_file
```

続けて、--amend -CHEAD オプションを使ってファイル削除の変更を元のコミットに反映させれば、除去完了です。

コミットに反映する

```
# コミットに反映する
$ git commit --amend -CHEAD
```

出典　Removing files from a repository's history（https://help.github.com/articles/removing-files-from-a-repository-s-history/）

Git LFS を使って大きなファイルをコミットする

Git LFS は、Git Large File Storage の略で、大きなファイルを Git で管理するための Git エクステンションです。オーディオファイル・ビデオファイル・大きなデータ・セット・画像などの差分管理をするときに、Git にテキストポインタを持たせて、別のリモートサーバにデータを保管する方法です。「https://git-lfs.github.com/」でエクステンションについての詳細を確認できます。GitHub や GitHub エンタープライズがサポートしています。

Git LFS を利用するには、エクステンションのインストールが必要です。MacOS の場合は、Homebrew を利用してインストールが可能です。

MacOS における LFS のインストール

```
$ brew install git-lfs
```

インストール後、ファイル拡張子に関する設定が必要となります。例えば、拡張子 mp4 を LFS で管理したい場合は、以下のように指定します。

拡張子の設定

```
# 拡張子の設定
$ git lfs track "*.mp4"
```

Windows の場合は、https://git-lfs.github.com からインストーラを入手可能です。

インストーラのダウンロードが完了したら、指示にしたがって git-lfs のインストールを行います。

後は、通常の利用と同じように、指定した拡張子を持つファイルをコミット・プッシュするだけで、Git LFS に登録してある拡張子は Git LFS によって管理されます。

登録した拡張子のファイルをコミット

```
# 登録した拡張子のファイルをコミット
$ git add file.mp4
$ git commit -m "Adding mp4 movie"
$ git push origin master
```

Git LFS によって受ける恩恵には以下のようなものがあります。

- 巨大なファイルでもバージョン管理ができるようになる
- Git リポジトリのスペースを専有しない
- git clone や git fetch に時間が掛からない
- 今までと同じ Git フローを利用できる
- Git と同様のアクセスコントロールが可能

プロジェクトによっては、大量のファイルを扱わざるを得ない場合が多々あります。そのときは、Git LFS の導入を検討してみるといいでしょう。

Git Hooks の利用

コミットさせたくないファイルを管理する

チーム開発のように、複数人が 1 つのリポジトリ上のコードを編集する場合、コーディング規約などの編集上のルールを設けたいケースがしばしばあります。また、マージの際にコンフリクトが起こってしまった場合、必ず競合が解消された状態でコミットされるよう Git の動作を制限したいでしょう。このような「Git のある操作に対して追加で何らかの操作・制約を設けたい」というようなニーズがある場合、Git Hooks という機能を利用できます。

次項では、Git Hooksの概観を説明し、よくある便利な利用例について紹介していきます。

出典　Customizing Git - Git Hooks（https://git-scm.com/book/en/v2/Customizing-Git-Git-Hooks）

Git Hooksについて理解する

Git Hooksという機能によって、Gitの主要な操作を対象にユーザーが定義したスクリプトをフックさせることができます。Hooksは、Gitリポジトリを操作するクライアント側で動作するものと、ユーザーの操作を受けてリモートリポジトリ側で動作するものに分かれます。さらに、Git操作それぞれのHooksに対し事前(pre-)あるいは事後(post-)に呼ばれるかに応じて名前付けされています。

数多く用意されているGit Hooksのうちいくつかをピックアップして紹介します。

クライアント側で動作するHooks

- pre-commit: git commit処理開始の前に呼ばれる
- post-commit: git commit処理完了後に呼ばれる
- post-merge: git mergeが正常終了した後に呼ばれる
- pre-push: git push処理開始の前に呼ばれる

リモートリポジトリ側で動作するHooks

- pre-receive: git pushを受信して内容を処理する前に呼ばれる
- post-receive: git pushの処理完了後に呼ばれる

Hooksのスクリプトは.git/hooks以下に配置します。Hooksスクリプトが呼ばれるようにするためには、スクリプトのファイル名をHooks名と同じにする必要があります。例えばgit commit処理開始の前にフックしてスクリプトを動かしたい場合は、用意したスクリプトをpre-commitとして用意する必要があります。

git initときに.git/hooks以下にスクリプトのサンプルが"Hook名".sampleとして生成されます。

hooksの雛形

```
# .git/hooks以下にhooksの雛形が用意されている
.git/hooks
├── applypatch-msg.sample
├── commit-msg.sample
├── post-update.sample
├── pre-applypatch.sample
├── pre-commit.sample
├── pre-push.sample
```

```
├── pre-rebase.sample
├── prepare-commit-msg.sample
└── update.sample
```

スクリプトの書き方のお手本として、サンプルスクリプトには何が書かれているのか試しに見てみましょう。pre-commit.sample を開いてみます。

pre-commit.sample

```
#!/bin/sh
#
# An example hook script to verify what is about to be committed.
# Called by "git commit" with no arguments.  The hook should
# exit with non-zero status after issuing an appropriate message if
# it wants to stop the commit.
#
# To enable this hook, rename this file to "pre-commit".
#
# （筆者注）コミットの内容を検証するサンプルスクリプト。
# コミットの中に非ASCII文字を含むファイル名があった場合に `git commit` 操作をキャンセルさせる。

if git rev-parse --verify HEAD >/dev/null 2>&1
then
	against=HEAD
else
	# Initial commit: diff against an empty tree object
	against=4b825dc642cb6eb9a060e54bf8d69288fbee4904
fi

# If you want to allow non-ASCII filenames set this variable to true.
# git config で `hooks.allownonascii` が `true` に設定されている場合は検証をスキップさせる。
allownonascii=$(git config --bool hooks.allownonascii)

# Redirect output to stderr.
exec 1>&2

# Cross platform projects tend to avoid non-ASCII filenames; prevent
# them from being added to the repository. We exploit the fact that the
# printable range starts at the space character and ends with tilde.
if [ "$allownonascii" != "true" ] &&
	# Note that the use of brackets around a tr range is ok here, (it's
	# even required, for portability to Solaris 10's /usr/bin/tr),
since

	# the square bracket bytes happen to fall in the designated
range.
	test $(git diff --cached --name-only --diff-filter=A -z $against
|
```

```
        LC_ALL=C tr -d '[ -~]\0' | wc -c) != 0
then
        cat <<\EOF
Error: Attempt to add a non-ASCII file name.

This can cause problems if you want to work with people on other
platforms.

To be portable it is advisable to rename the file.

If you know what you are doing you can disable this check using:

  git config hooks.allownonascii true
EOF
        exit 1
fi

# If there are whitespace errors, print the offending file names and
fail.
exec git diff-index --check --cached $against --
```

見ての通り、Hooksスクリプトはシェルスクリプトとして記述します。従って、#!/usr/bin/env rubyのように書くことでRubyが利用できたり、任意のプログラムをHooksから起動できます。

今度は、実際にこのサンプルスクリプトを使ってGit Hooksを動かすまでの手順を見ていきましょう。

Git Hooksを利用する

サンプルとして用意されたpre-commit.sampleをpre-commitにリネームすれば、git commit処理の前に対してこのフックスクリプトを起動させることができます。

pre-commitフックを有効にする

```
# ファイルをリネームしてpre-commitフックを有効にします
$ mv .git/hooks/pre-commit.sample .git/hooks/pre-commit
```

試しに日本語のファイル名でコミットして、pre-commitフックが想定通り動くかどうか確かめてみましょう。

pre-commit フックの動作確認

```
$ git init . # リポジトリを作成
$ touch '日本語ファイル' # touchコマンドで”日本語ファイル”というファイル名でファイルを作成
$ git add 日本語ファイル
$ git commit -am 'add 日本語ファイル'
Error: Attempt to add a non-ASCII file name.

This can cause problems if you want to work with people on other
platforms.

To be portable it is advisable to rename the file.

If you know what you are doing you can disable this check using:

  git config hooks.allownonascii true
```

想定していた通り、非 US-ASCII 文字を含む名前のファイルをコミットしようとすると、pre-commit フックスクリプトがエラーを出力してコミット操作を差し戻します。

競合状態のファイルがあったらコミットできないようにする

サンプルスクリプトを一通り動かしてみたところで、次はフックスクリプトを自作して動かしてみましょう。下記のスクリプトは、git diff コマンドからファイルの差分を表示し、コミットしようとしている差分にコンフリクトマーカーが含まれていたらエラーにして操作を差し戻します。

pre-commit フック

```
#!/bin/sh
# コンフリクトマーカーがあったらコミットさせないpre-commitフック
git diff --cached --diff-filter=ACMR | awk '/\+(<<<[<]<<<|>>>[>]>>>|===[=
]===$)/ { exit 1 }'
CODE=$?
if [ "$CODE" != "0" ]; then
    echo "COMMIT ABORTED: Conflict markers found." >&2
    exit $CODE
fi
```

出典　My .git/hooks/pre-commit - save yourself from embarassment using pyflakes（https://gist.github.com/danwerner/1006520）

サンプルスクリプトのときと同様、このスクリプトを ./git/hooks/pre-commit として配置します。実際に競合が発生した状況でコミットしようとすると、エラーで操作が差し戻されることを確認します。

Hooks でコンフリクト検知

```
# `git merge` 操作で試しにコンフリクトを発生させます。
$ git merge master
Auto-merging file_a
CONFLICT (content): Merge conflict in file_a
Automatic merge failed; fix conflicts and then commit the result.
# file_a で競合状態がコンフリクトマーカーで示されていることを確認します。
$ cat file_a

<<<<<<< HEAD
これは A です。
=======
これは B です。
>>>>>>> master

# わざと競合状態のままの file_a をコミットしようとすると、pre-commit が操作を
# 差し戻します。
$ git add file_a
$ git commit -am 'test'
# コミットしようとするとエラー発生
COMMIT ABORTED: Conflict markers found.
```

Git Hooks を利用すればGitの操作のタイミングで任意の処理を行わせることができます。

ここで一点注意しなければならないのが、Git Hooks を配置する .git/hooks ディレクトリは Git リポジトリに含まれないことです。上述の例のように、競合状態をコミットさせないようにする Hooks は自分だけでなく、チーム全員で共有して使いたいはずです。その場合は、Hooks スクリプトを Git の管理下に含めるために .git/hooks をシンボリックリンクにするのがいいでしょう。

シンボリックリンクを使って Hooks を共有する

```
# シンボリックリンクを使って .git/hooks/pre-commit を共有する例
# `git rev-parse` コマンドを使って git のルートディレクトリに移動する
$ cd $(git rev-parse --show-toplevel)
# "git のルートディレクトリ "/hooks 以下に `pre-commit` スクリプトを配置し、
# `.git/hooks/pre-commit` からシンボリックリンクを貼ります。
# シンボリックリンク指定時の注意として、Git Hooks は `.git/hooks` を
# ワーキングディレクトリとして動作するため、参照先は `.git/hooks` からの
# 相対パスを指定する必要があります。
$ ln -s -f ../../hooks/post-merge .git/hooks/pre-commit
```

git filter-branch —— コミットしてしまったファイルをリポジトリから取り除く

開発中、リポジトリの中に秘密にしたい情報をコミットしてしまったことはないでしょうか？　アプリケーションが外部 API と通信するための API キーや、SSH の秘密鍵など…… .gitignore での除外し忘れなど、どんなに注意していてもケアレスミスはつきものです。Git リポジトリが他の人に見ない状態であれば、秘密鍵をコミットしてしまってもさほど問題にはならないでしょう。しかし Git リポジトリを GitHub の public リポジトリでインターネット公開している場合は大変な問題になるでしょう。悪意のある人が Git リポジトリから秘密鍵を取り出して、サーバに不正アクセスするという事件が実際にも起こっています。

Git リポジトリからファイルを削除する方法として、git rm コマンドを以前に紹介しました。しかし git rm コマンドは、あくまで“ファイルを削除した”という操作をコミットの歴史に積むだけなので、秘密の情報を取り除く方法としては不十分です。なぜなら、過去のコミットをたどれば秘密の情報はまだ Git の歴史の中に存在しているからです。

過去のコミットまでさかのぼってファイルを削除したい場合は、git filter-branch を使用します。このコマンドは、過去のコミットの内容を一括で書き換えるためのものです。このコマンドのオプションには、各コミットに対して適用するコマンドと、適用対象を指定します。例えば過去のコミットに含まれる password.txt を一括で削除したいなら、次のようにオプションを指定して git filter-branch を実行します。

filter-branch の実行

```
#password.txt の一括削除を実行
$ git filter-branch --force --index-filter \
'git rm --cached --ignore-unmatch password.txt' \
--prune-empty --tag-name-filter cat -- --all
Rewrite 83c4b3664ce94a3e407e47cfc9ab26ad51406f0d (1/2)rm 'password.txt'
Rewrite 71670f8a8f5c1352ff5cdb16be052dfe631e1e5a (2/2)rm 'password.txt'

Ref 'refs/heads/master' was rewritten
```

各オプションが表す意味を説明していきます。

- --force: Git が他の操作中であっても強制的に filter-branch を実行します
- --index-filter 'git rm --cached --ignore-unmatch passowrd.txt': git リポジトリのインデックス全てに対して、実行するコマンドの内容を指定します。今回の場合、git rm でファイルを削除します
- --prune-empty: 指定したコマンドの適用の結果、コミットが空になる場合にそのコミット自体をなかったことにします（指定しなかった場合、空のコミットが残ります）
- --tag-name-filter cat -- --all: 全ての git ref を対象にし、コミットが書き換えられた場合にタグの参照も更新するようにします

git filter-branch でファイルの削除が完了したら、更新をリモートリポジトリにも反映します。過去のコミットを書き換えているので、git push のために --force オプションが必要となります。

ローカルの作業内容を全てリモートリポジトリに反映させる

```
# ローカルの作業内容を全てリモートリポジトリに反映させる
$ git push origin --force --all
# タグの更新をリモートに反映させる
$ git push origin --force tags
```

これでリモートリポジトリから秘密のファイルを削除することができました。同じファイルをまたコミットしてしまうことがないよう、対象のファイルを .gitignore に加えておくのが親切でしょう。また、作業途中の開発メンバーがいたら、差分の反映には rebase コマンドを使ってもらうようお願いします。merge などを使ってしまうと、開発メンバーの手元にファイルが残っていた場合、削除したはずのファイルが復元してしまうおそれがあるからです。

出典　Remove sensitive data（https://help.github.com/articles/remove-sensitive-data/）

Git リポジトリをバックアップする

リモートリポジトリが突然壊れてしまった場合のことを考えたことはあるでしょうか？Git では、Subversion と異なり、開発者の手元にローカルリポジトリとしてリポジトリが存在しているため、それらを集めてローカルリポジトリを復旧することができるでしょう。しかしながら、ローカルでブランチの情報を消してしまっているような場合、リモートの完全な状態を復旧することはできません。

転ばぬ先の杖として、大事なリモートリポジトリはバックアップを取っておくのが安全です。このような場合、git clone でリポジトリをチェックアウトする操作に --mirror オプションを付けることで、リモートリポジトリ（ベアリポジトリ）のミラーリングを行うことができます。

mirror オプションでリモートリポジトリをそのままの形でチェックアウト

```
# --mirror オプションでリモートリポジトリをそのままの形でチェックアウトできる
$ git clone --mirror git@github.com:somebody/hoge.git
# hoge.git がリモートリポジトリの構造になっていることが確認できます。
$ tree -L 2 hoge.git
hoge.git
├── HEAD
├── config
├── description
├── hooks
```

```
├── info
├── objects
├── packed-refs
└── refs
    ├── heads
    └── tags
```

--mirror オプション付きでチェックアウトしたミラーリポジトリは、git remote update コマンドにてリモートの更新をミラーリポジトリに取り込むことができます。ただし、これによって行われる更新の取り込みは全て上書きとなるので、リモートリポジトリで誤ってファイルを消してしまった場合はその更新も上書きで取り込まれてしまいます。より万全を期すなら、日次のタイミングで git remote update を行い、更新が終わったらディレクトリごと圧縮してバックアップを保管しておくのがいいでしょう。

Chapter-03

03

継続的デリバリ

継続的にサービスを向上させる「継続的デリバリ」の概念や、Git を用いてどのように設計・実装するかの方法について解説します。

継続的にサービスの価値を向上させるには

これまで Git や GitHub の機能、使い方、運用設計に関して説明してきました。しかし、それらはなぜ必要なのでしょうか。さまざまな理由がありますが、突き詰めると、生産性を向上させ、より質の良い製品を絶え間なく生み出し続けることができるところにあります。

継続的にサービスの価値を向上させる概念を継続的デリバリ（Continuous Delivery、または CD）と呼びます。良いソフトウェアは、ソフトウェアを作成したことで開発は終了しません。それらをユーザーに使える状態で提供し、継続的に使用可能な状態を保ちながら、継続的に機能追加や改修、バグ修正などを行う必要があり、最初に計画していた要件を全て満たしても開発が終了することは、近年においては少ないでしょう。

本項では、Git や GitHub を他のサービスや OSS と連携させ、継続的デリバリの概念、設計、実装パターンを紹介します。

継続的デリバリとは何か

継続的デリバリとは、ソフトウェア、特に最終的な成果物がユーザーが常に使用できるような形であることを指します。例えば、Web サービスにおけるプロダクション環境で即座に成果物でサービスできる仕組み、アプリケーションとして何らかの実行可能ファイルを配布できるような仕組みなど、常にリリース可能な状態のことを指すことが一般的です。

つまり、何らかのコマンドやボタンなどのイベントトリガを作動させると、リリースに関わる作業を完全に自動化された状態で実行し、秒・分・時間の単位で成果物を利用者が使用可能な状態にすることを指します。継続的デリバリの実装には、主に 2 つの利点があります。

継続的デリバリで行った施策を素早く評価しフィードバック

AB テストやユーザーの行動分析を経て、ユーザーが望んでいる機能を追加して再度リリースしたいという場合はよくあります。全自動でリリースが完了する仕組み、つまり、継続的デリバリの仕組みがあれば、即座にリリースすることが可能です。しかし、ありがちなのは、長いスパンで定期リリースを定めており、複雑なリリースプロセスが決められている場合、その時期まで機能のリリースを待たなければいけません。ユーザーのフィードバックを得ることができても、すぐに反映しないことによって時期を逃してしまう場合があります。

定められた長いスパンのリリースを守って運用していても、緊急を要するバグや脆弱性が発覚した場合、多少無理をして通常とは異なるリリース手順を用い、緊急リリースをしなければならない場合が出てきます。継続的デリバリの仕組みを導入できていれば、即座に追加の修正が反映でき、通常とは異なる手順などのリスクをあえて背負う必要は無くなるのです。

継続的デリバリでリリースに関わるリスクを分散

長いスパンでの定期リリーススケジュールを組んでいる場合、そのスパンで開発された成果物を全て１回のタイミングでリリースしなければいけません。複数のステークホルダー、複雑な依存関係、例外的なリリース手順など、考慮することが爆発的に増えます。複雑なリリースは、リリース後に重大なバグが見つかった場合の原因の調査の難易度を上げ、パッチの作成もしくはロールバックなども、長い期間の成果物をまとめようとすればする程、大事になります。継続的デリバリによって、短期的にリリースを繰り返せば防げるコストやリスクは、非常にたくさんあるのです。

継続的デリバリの構成要素

継続的デリバリは、継続的開発・継続的インテグレーション（CI）・継続的デプロイの３つの要素から成り立ちます。

継続的開発

継続的開発とはその名の通り、継続的に開発を続け、短期間で定期的にリリース可能なレベルの成果物を出していくことです。長期的な計画を持って、多くの機能を一度に開発するのではなく、開発単位を明確に分け、短いスパンで開発を継続的に行うことによって、新しい価値を段階的に足した成果物を作ったり、見つかった不具合の修正を即座に反映するための開発を行います。古いウォーターフォールモデルのような開発では、１つの大きなアプリケーションの要件があり、長期的に開発をしていく手法でしたが、最近では、Agile（アジャイル）による開発、プロトタイピングによる開発など、短い期間での開発で、リリース可能な成果物を作り出す開発フローが広く取り入れられています。

継続的インテグレーション（CI）

継続的インテグレーション（Continuous Integration, CI）とは、単体テストや結合テストなど、品質チェックを頻繁に実施することによって不具合を早期に発見し、手戻りを最小限にする概念です。

例を挙げます。チーム開発において、例えばＡさんが更新したモジュールａに関するソースコードが、Ｂさんが作成している別のモジュールｂに対して影響を与えてしまうことがありがちです。しかし、モジュールａの単体テストのみを行った場合、Ａさんはモジュールｂの影響に関して感知することはできません。かといって、開発者もしくはテスターが全てのコミットを行う際に全てのテストを行うのは非効率であり現実的ではありません。
　チームメンバーの誰かによって、何かの変更が加えられるたびに、あらかじめ定めておいたテストなどの品質向上のための施策を自動的に行い、その結果を常に開発者にフィードバックすることでコストを最小限に抑えつつ、品質を保つことが可能になります。
　テストだけではなく、ソースコードの静的解析など、品質向上の施策を定期的に行うことは、品質を保つという観点からはとても重要です。手作業で、定期的にコードベースやテストケースをテストし、それを修正するには、膨大な時間とコストが掛かってしまう場合があります。静的コード解析・単体テスト・結合テストなどを自動化し、修正のタイミングなどをきっかけに自動的に処理をする、継続的インテグレーションの考え方は、コスト・時間の面から見ても、非常に重要です。

継続的デプロイ

　継続的デプロイとは、大きな準備や計画なく、いつでもデプロイしたいものをデプロイできるという概念です。継続的開発によって、リリース可能な成果物が作成され、定期的にデプロイを行う仕組みを用意しておくことで、ユーザーの手元に最新の状態を反映し続けることになります。
　継続的デプロイでは、短いスパンで何度もリリースを行うため、リリースに関わるコストやリスクを最小単位に収めることが可能です。例えば、何かバグが発見され、次のリリースまでの時間は非常に短く、緊急であっても、継続的デプロイによって用意されたデプロイの仕組みを利用することにより、即座にバグ修正を反映できます。提供しているサービスでイベントがあって、不定期なリリースが必要となっても、継続的にデプロイできる仕組みがあれば、普段と変わらず成果物をユーザーに提供することができるようになるのです。

継続的デリバリのシステム構成要素

　それでは本項にて、継続的デリバリを行うためのシステム設計を行いましょう。継続的な開発、インテグレーション、デプロイを実現するためには、さまざまな方法があります。
　例えば、リモートリポジトリにソースコードが Push された、というトリガから、継続的インテグレーション（自動テストなど）を行い結果を通知し、master ブランチなど、特定のブランチにプッシュあるいはマージされた場合、継続的インテグレーションからデプロイまでを行う方法があります。
　また、常に開発・テストは継続したいが、ユーザーに提供するタイミングだけコントロールしたい場合は、どのブランチにプッシュやマージを行っても、継続的インテグレーションのみを実行し、別の機構でデプロイのトリガを発火させるといった手法も取れます。
　継続的デリバリの設計は、チームの状態、ビジネスの状態を鑑みて、プロダクトにとって最適な手法を選択する必要があります。
　継続的デリバリのシステムを構成するのは、「発火機構」「継続的インテグレーションを行う機構」「デプロイ機構」「通知機構」の 4 つがメインです。

継続的デリバリの発火機構

発火機構とは、継続的デリバリの自動化されたタスクを起動させる役割を持つ機構です。特にこれといった定型的なものはありませんが、定期的に行うことが重要です。そこでよく使われるのが、Git フックを用い特定のアクションに紐付いたスクリプトを用いた発火方法や、GitHub の WebHook を用いた方法です。

チーム開発をする際、自分で Git のリモートリポジトリを建てるのではなく、GitHub や GitHub Enterprise、または GitLab などの、その管理や Pull Request などのソースコード管理を便利に行う機能があり、リモートリポジトリの役割を果たすソフトウェアを使うことが主流でしょう。

Git 管理を提供する Web サービスやオンプレミスに構築できる Git のソフトウェアには、基本的に WebHook という機能があり、プッシュやマージ、もしくは issue の追加、コメントの追加や削除など、さまざまな状態変化が生じた際に、指定した URL に対して状態変化を JSON 形式で POST して通知する機能を持つものが大半です。

継続的インテグレーションを行う CI ツールには、さまざまなソフトウェアの WebHook に対応したものや、対応させるためのプラグインを提供しているものが多数存在します。Git だけでなく、GitHub などを使う利点の 1 つが、少しの設定を行う必要はあっても、全ての機能を自分で用意する必要がないところです。GitHub 自体が発火機構を備え、なおかつそれに対応した CI ツールが豊富にあるため、チームはプロダクトに専念できます。

継続的インテグレーションを行う機構、デプロイ機構

継続的インテグレーションを行う機構と、デプロイ機構とは、発火機構から受け取った情報をもとに、ソースコードの取得、定められたテストの実行、lint の実行、ソースコードの静的解析などの、品質を保つための機能を実行し、ユーザーが用意したスクリプトで指定した通りにデプロイを行う機構を指します。

自らツールを作成することも可能ですが、これらは、CI ツールと呼ばれるオープンソースとして配布しているものや、有償サービスを使うことで、開発コストの削減や、継続的インテグレーションを行うサーバのリソース、メンテナンスコストをアウトソーシングすることが可能です。

継続的デリバリの通知機構

通知機構とは、継続的デリバリで実行した各機能の結果をチームに即座にフィードバックを行う機構のことを指します。

通知の仕方はチームが普段使っているコミュニケーションツールや、企業文化、開発グループ風土に寄り添った方法で通知した方がいいでしょう。なぜならば、普段行っているコミュニケーションの延長線上にないと、最終的に誰も結果通知を確認しなくなってしまったり、確認を行うという作業を新しいワークフローとして取り入れないといけなくなってしまうからです。

継続的デリバリを設計する上で重要なこと

属人性を排除する

テストからデリバリまで一貫して自動化する際に重要なのは、全てを自動化することです。

一部分のみの自動化のみでは、工数を減らす施策にはなりますが、本来の継続的デリバリの目指すゴールは達成することは難しいでしょう。なぜならば、結局は作業者がボトルネックになってしまうからです。

特に手動での作業が多い場合や、工程表を見ながら作業をするような作業を行っているところから全てを自動化するとなると、工数が掛かってしまったり、現状の構成ではどうしても無理が出てしまうところがあるでしょう。既存のシステムを自動化する場合は、最終ゴールを全ての工程の自動化において、段階に分けて、期日を決めて徐々に自動化することを目指しましょう。

もし新規のシステムを作る場合は、自動化しやすい構成をあらかじめ念頭に置いて、システム構成を考えましょう。

複数環境を意識した設計にする

近年のシステム開発はステークホルダーが多いことが大半です。そのステークホルダー向けに環境をいくつか作成することがあります。

例えば、出資者やユーザーには本番環境、プロジェクトマネージャにはステージング、品質保証チームには品質保証用の環境……などなど、同じような環境が多々あります。これらの環境に適合するように、設計を行う必要があります。

よく行われるパターンとして、例えば dev ブランチ、staging ブランチ、master ブランチ、などを用意して、それぞれのブランチに対応する環境を用意し、ソースコードがマージされるブランチごとに作業を定義し、デプロイする環境を分けるという手法です。

こうすることにより、例えば master ブランチにマージされた場合のみは、デプロイを行う前にタグを打つ、dev ブランチにマージされた場合は開発環境にのみデプロイする、など、用途に合わせた操作が可能になります。

CI/CD に使用するスクリプトをメンテナンスしやすいようにしておく

CI や CD を行うといっても、最終的にはスクリプトを書いて、その通りにサーバが動くことによって実現します。

ここで陥りがちなのが、スクリプトの管理が滞ってしまったり、仕組みの引き継ぎが行われないまま担当者が変わってしまい、何を行っているかわからなくなってしまうことです。その問題を排除するために、まず、スクリプトにはコメントを書く、適切な改行とインデントを使用する、など、普通のプログラムのソースコードを書いているのと同様に誰が見ても一目瞭然なスクリプトを生成することを心がけることが必要です。

また、特にJenkinsというCI/CDを行うプログラムを使う場合にありがちですが、WebなどのUIの中に直接スクリプトを記述してしまい、スクリプトのバージョン管理ができなくなってしまうことがあります。

これを解消するために、スクリプトはリポジトリの中に置き、そのファイルを参照して実行させるようにするといいでしょう。

近年では、CI/CDを加速させる、行える範囲を広げるようなサービスを作るスタートアップや、オープンソースソフトウェアの開発が活発に行われ、プロダクトの開発スピード、イテレーションを行うスピードは加速し、それらに関わる人的コストは減少する一方です。継続的デリバリの概念を的確に理解し、プロジェクト最適な形で取り入れ、ユーザーにさらに価値を届けましょう。

Gitを利用したCD環境を作成してみる

ここからは、実際にGitを利用した簡単な構成でCD環境を作成してみましょう。実際に、CI環境やCD環境を作るときには、さまざまなオープンソース・ソフトウェアを組み合わせたり、クラウドのサービスを組み合わせることで実現しますが、ごくごく基本的な構成であればGitでも組み上げることが可能です。例として複雑にならないよう、静的コンテンツを持つWebフロントを更新していく構成を想像し、実験的環境をローカルに構築してみます。

Gitを利用したCDの構成の概要を考える

実験的な環境を作るにあたり、どのような構成を作るか全体像を考えます。まずは、開発環境におけるCIを考えていきます。開発環境では、手元で開発し、開発した内容を共有して、共通のサーバにのせてコンテンツを確認し、本番リリースへの準備を進めることになります。

今回の実験的構成においても、通常開発しているローカルリポジトリと、チームでプッシュ先として利用するリモートリポジトリの2つのリポジトリは、必ず必要となることは自明です。clientリポジトリと、developmentリポジトリという2のリポジトリがまずは必要になります。次に、本番リリース前のテストを考えてみましょう。リモートリポジトリで開発中のコンテンツを、定期的にステージング環境にデプロイして、本番リリース前の試験を行いたいとします。ステージング環境が必要となるので、ステージング環境のコンテンツを管理するstagingリポジトリの用意が必要となります。全てのリモートリポジトリへのプッシュを全てステージング環境にのせて更新してしまうよりは、ステージングでコンテンツを確認するタイミングをチームで決めて、それからコンテンツを更新できた方が便利そうです。そのため、リモートリポジトリに対し、特定の接頭辞を付けたブランチ名にプッシュが行われた場合にのみ、そのブランチの内容でステージング環境のコンテンツが更新される用に作れたら便利ではないでしょうか？　リモートリポジトリdevelopmentリポジトリの特定のブランチにプッシュが行われたら、developmentリポジトリから staging リポジトリへ、プルでコンテンツが更新されるように、development リポジトリに Git フックの設定を行いプッシュを待ち構えます。

開発環境の構成が決まってきたら、開発が完了したものをまとめて、本番環境にリリースすることを考える必要があります。つまり、CD 環境の作りをどうするか、ということになりますが、先ほどの手法と同様に、Git フックを利用してプッシュを待ち構えて、本番デプロイもできないか、という発想になります。しかし、本番デプロイにおいては、特定の名前を接頭辞に持つブランチでプッシュされた場合にデプロイしていた開発環境より、もう一段階、慎重な構成が必要となるため、development リポジトリとは分けて、発火機構用のリポジトリを分けて用意しておきましょう。

開発ラインと、本番リリース用ラインを明確に分けるために、本番デプロイ発火用の deploy_emtiter リポジトリを用意し、client リポジトリから deploy_emtiter リポジトリに、特定のブランチ名でプッシュが行われたら本番デプロイを行う構成を考えます。

最後に、本番のコンテンツを管理する production リポジトリを用意し、client リポジトリから deploy_emtiter リポジトリに特定のブランチ名でプッシュが行われたら、production リポジトリからプルを行うことで本番コンテンツを更新し、本番デプロイを完了します。

実際は、デプロイだけでなく、ドライランや静的解析によるチェック、コンテンツのビルドなどの操作が含まれますが、今回は、純粋な静的コンテンツの入れ替えをターゲットとしていますので、以上の構成で、開発・テスト・リリースのプロセスを再現していきます。

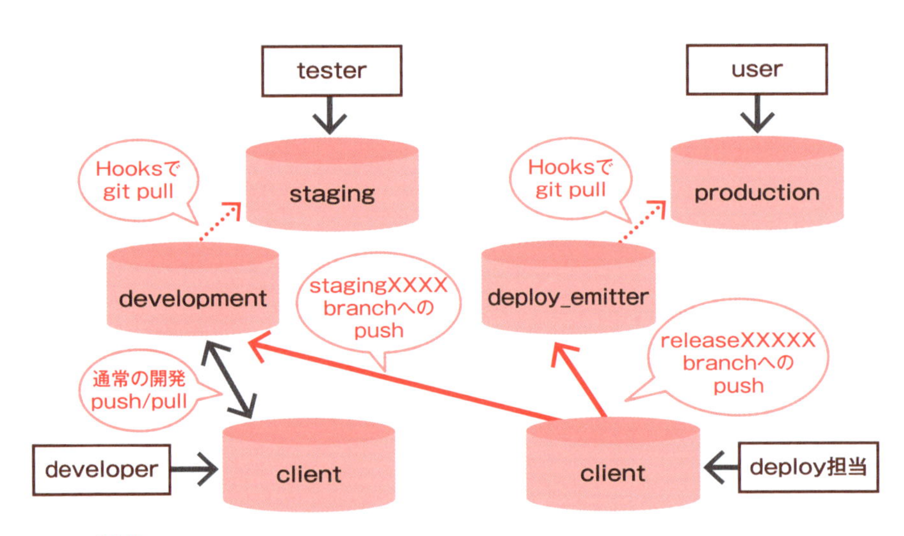

CI・CD の全体像

Git を利用した CD の構成を実際に構築する

試験的な構成を作成し、CD 環境を再現していきます。ここでは、Web サービスの開発を想定し、production ディレクトリにあるコンテンツで Web サービスが提供されているものとします。全体構成で考えておいた 5 つのリポジトリを作成していきます。

ディレクトリ名	リポジトリ	役割
client	通常	手元の開発ワーキングディレクトリ
development.git	ベアリポジトリ	チームの開発リポジトリ
staging	通常	サービスにデプロイする前のテスト環境
production	通常	実際にサービスを提供するディレクトリ
deploy_emitter.git	ベアリポジトリ	デプロイの発火装置

ディレクトリの作成

まずは、5つのディレクトリを作成します。

5つのディレクトリの作成

```
# 手元の開発ワーキングディレクトリ
$ mkdir client
# チームの開発リポジトリ
$ mkdir development.git
# サービスにデプロイする前のテスト環境
$ mkdir staging
# 実際にサービスを提供するディレクトリ
$ mkdir production
# デプロイの発火装置
$ mkdir deploy_emitter.git
```

Gitリポジトリの初期化

続いて、各ディレクトリのGitリポジトリを初期化します。developmentは、チームの開発用リモートリポジトリとなるので、ベアリポジトリであることに注意してください。また、develpoy_emitterも、発火装置としてリモートリポジトリの役割をこなすことになるので、ベアリポジトリとして初期化してください。

リポジトリの初期化

```
$ git init client
Initialized empty Git repository in /workspace/deploy_test/client/.git/
# チームの開発用リモートリポジトリとなるので、ベアリポジトリとして初期化
$ git init --bare development.git
Initialized empty Git repository in /workspace/deploy_test/development.
git/
$ git init staging
Initialized empty Git repository in /workspace/deploy_test/staging/.git/
$ git init production
Initialized empty Git repository in /workspace/deploy_test/production/.
git/
# 発火装置としてリモートリポジトリの役割をこなすことになるので、ベアリポジトリとして初期化
$ git init --bare deploy_emitter.git
```

```
Initialized empty Git repository in /workspace/deploy_test/deploy_
emitter.git/
```

リモートの設定

次に、各リポジトリにリモートの設定を行います。client リポジトリは、開発用の development と、本番リリース用の deploy_emitter をリモートとして持つ必要があります。staging リポジトリは、コンテンツをプルするために development リポジトリをリモートとして設定します。同様に、本番コンテンツでは、production リポジトリが、deploy_emitter リポジトリからプルを行うためにリモートとして設定します。

リポジトリ名	リモートリポジトリ	リモートの名付け
client	development	origin
client	deploy_emitter	deploy
staging	development	origin
production	deploy_emitter	origin

実際の設定は git remote コマンドで行っていきます。まずは、client リポジトリから設定します。

リモートの設定

```
#client リポジトリのリモートの設定
$ cd client
# 開発用リモート
$ git remote add origin ../development
# 本番デプロイ用リモート
$ git remote add deploy ../deploy_emitter
# リモート設定の確認
$ git remote
deploy
origin
```

staging リポジトリと、production リポジトリにも設定していきましょう。

staging リポジトリと production リポジトリへの設定

```
$ cd staging/
$ git remote add origin ../development
$ cd ..
$ cd production/
$ git remote add origin ../deploy_emitter
```

以上でリモートの設定は完了です。

●Git フックの設置

続いて、Git フックを設定します。全体構成の中で、プッシュを待ち構える必要があるのは、development リポジトリと、deploy_emitter リポジトリの２つで、いずれも client リポジトリからのプッシュを受けた後、それぞれ staging リポジトリと、production リポジトリからのプルを実行してのコンテンツ更新を行うことを目的としています。

Git フックに置くスクリプトは、大まかに次のように動作させます。プッシュされたブランチ名を取得して、ブランチ名が設定している接頭辞と一致しているかチェックします。合っていたら staging や production などのリポジトリに移動して同名のブランチへ移動し、最後に追跡ブランチを設定してプルを実行してコンテンツを更新します。以上の動きを実装すると、以下のようなスクリプトになります。ここで紹介しているスクリプトは、development リポジトリに設置する用途の Git フックで、client リポジトリから staging で始まるブランチ名でプッシュされた場合に、staging リポジトリからそのブランチ名を指定してプルでコンテンツを更新します。

プッシュ後に staging を更新する Hooks

```
#!/bin/sh

# リリース用ブランチに名付ける接頭辞
BRANCH_PREFIX="staging"
# リリース先
SERVICE_DIR="../staging"

#push の対象ブランチの名前を取得する
read IN

# 分割
IFS=' '
set -- $IN
FROM=$1
TO=$2
REF=$3

# プッシュされたブランチ参照の表示
echo "REF: $REF"

# ブランチ名に Prefix が含まれているかをチェック
BRANCH=`expr $REF : ".*\($BRANCH_PREFIX.*\)"`

# 比較対象がわかるようにブランチ名とブランチ Prefix を表示
echo "TARGET BRANCH PREFIX: $BRANCH_PREFIX"

#Prefix と異なるブランチ名の場合は何もせず終了
if [ -z "$BRANCH" ]; then
  echo "Deployment was skipped."
  echo "'$3' is not a release target."
  exit
fi
```

```
# 予告
echo "BRANCH: $BRANCH"
echo "$BRANCH_PREFIX branch will be deployed"
# サービスディレクトリに移動
cd $SERVICE_DIR
echo "Working directory: " `pwd`

## ここからはデプロイ先での作業 #############

# ブランチがなければ作成してチェックアウト
git --git-dir=".git" checkout -B $BRANCH

# 現在のブランチ名を取得
CURRENT_BRANCH=`git --git-dir=".git" symbolic-ref --short HEAD`

# 正しくブランチが切り替わっていたらプルでコンテンツを更新
if [ "$CURRENT_BRANCH" == "$BRANCH" ]; then
  # 追跡ブランチを設定
  git --git-dir=".git" branch --track origin/$BRANCH
  # プルでコンテンツを取得
  git --git-dir=".git" pull origin $BRANCH
  # 完了メッセージ
  echo "Deploy has been completed."
else
  # 失敗したので失敗メッセージ
  echo "Checking out $BRANCH was failed."
  echo "Deploy has been canceled."
fi
```

このスクリプトを配置して実行権を与える必要があります。まずは、development リポジトリへの配置を行います。

スクリプトの設置

```
$ cd development.git/
$ cd hooks
# フックの作成
$ touch post-receive
# 実行権の追加
$ chmod +x post-receive
# 編集して上のスクリプトを実装
$ vim post-receive
```

次に、deploy_emitter リポジトリへのフックの配置を行いますが、スクリプトの一部を書き換える必要があります。本番リリースの場合は、release という接頭辞を持つブランチがプッシュされた場合に、production からプルする設定が必要なので、冒頭を書き換えています。

スクリプトの冒頭

```
#post-receive スクリプトの冒頭を deploy_emitter 用に書き換える
# リリース用ブランチに名付ける接頭辞
BRANCH_PREFIX="release"
# リリース先
SERVICE_DIR="../production"
```

同様に deploy_emitter リポジトリの hooks に、スクリプトを配置します。上記の書き換えを忘れないように注意してください。

deploy_emitter リポジトリへの配置

```
$ cd deploy_emitter.git/
$ cd hooks/
$ touch post-receive
$ chmod +x post-receive
#出だしを書き換えてスクリプトを実装
$ vim post-receive
```


Git を利用した CD の構成を利用してみる

それでは、実験的構成で、実際の開発の流れを想定しながら CD を利用していきましょう。

開発ライン

最初に描いていたシナリオの前半は、client リポジトリで開発を行い、deployment にプッシュして継続開発、タイミングを見計らって staging 環境を更新してテスト、でした。

最初の開発

```
$ cd client
#index.html の作成
$ echo "<html><head></head><body> 初期コンテンツ </body></html>" > index.
html
$ git add index.html
$ git commit -m "index.html の最初のコミット "
[master (root-commit) 048851a] index.html の最初のコミット
 1 file changed, 1 insertion(+)
 create mode 100644 index.html
```

client リポジトリにて開発が開始されました。初回コミットは、master ブランチで行われます。実際は、この後、たくさんのコミットとともにプッシュが繰り返されることになりますが、ここでは省略して、このままプッシュしてみます。

client リポジトリから master ブランチをプッシュ

```
#client リポジトリから master ブランチをプッシュ
$ git push origin master
Counting objects: 3, done.
Delta compression using up to 4 threads.
Compressing objects: 100% (2/2), done.
Writing objects: 100% (3/3), 303 bytes | 0 bytes/s, done.
Total 3 (delta 0), reused 0 (delta 0)
remote: REF: refs/heads/master
remote: TARGET BRANCH PREFIX: staging
remote: Deployment was skipped.
remote: 'refs/heads/master' is not a release target.
To ../development
 * [new branch]      master -> master
```

ここでの origin は、development リポジトリを指します。プッシュのメッセージに、remote: という出力が 4 行出ていることに注目してください。これは、先ほど設定したフックスクリプトがプッシュに反応し、ブランチ名をチェックしたところ、staging という接頭辞で始まったブランチではなかったため、デプロイをやめて飛ばしたよ、master ブランチはターゲットブランチとは異なるよ、というメッセージが表示されています。staging という接頭辞を付けたブランチは、staging 環境のプルを発火することになるので、実際にブランチを作成して、やってみましょう。

client リポジトリからの staging ブランチのプッシュ

```
#client リポジトリからの staging ブランチのプッシュ
#staging で始まるブランチを作成してチェックアウト
$ git checkout -b staging_1_00
Switched to a new branch 'staging_1_00'
# リモート development ブランチに staging_1_00 ブランチをプッシュ
$ git push origin staging_1_00
Total 0 (delta 0), reused 0 (delta 0)
remote: REF: refs/heads/staging_1_00
remote: TARGET BRANCH PREFIX: staging
remote: BRANCH: staging_1_00
remote: staging branch will be deployed
remote: Working directory:  /workspace/deploy_test/staging
remote: Switched to a new branch 'staging_1_00'
#(省略)
remote: From ../development
remote:  * branch            staging_1_00 -> FETCH_HEAD
remote:  * [new branch]      staging_1_00 -> origin/staging_1_00
remote: Deploy has been completed.
To ../development
 * [new branch]      staging_1_00 -> staging_1_00
```

staging で始まるブランチ名として staging_1_00 を作成してプッシュしました。先ほどより長い出力が表示されています。remote: の出力の最後2行に注目すると、以下のように、リモートへの新しいブランチの作成と、デプロイの成功が表示されていることがわかります。

リモートへの新しいブランチの作成とデプロイの成功

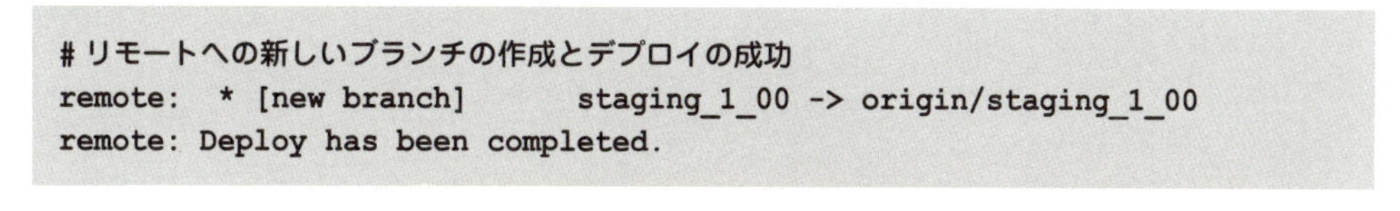

```
# リモートへの新しいブランチの作成とデプロイの成功
remote:  * [new branch]      staging_1_00 -> origin/staging_1_00
remote: Deploy has been completed.
```


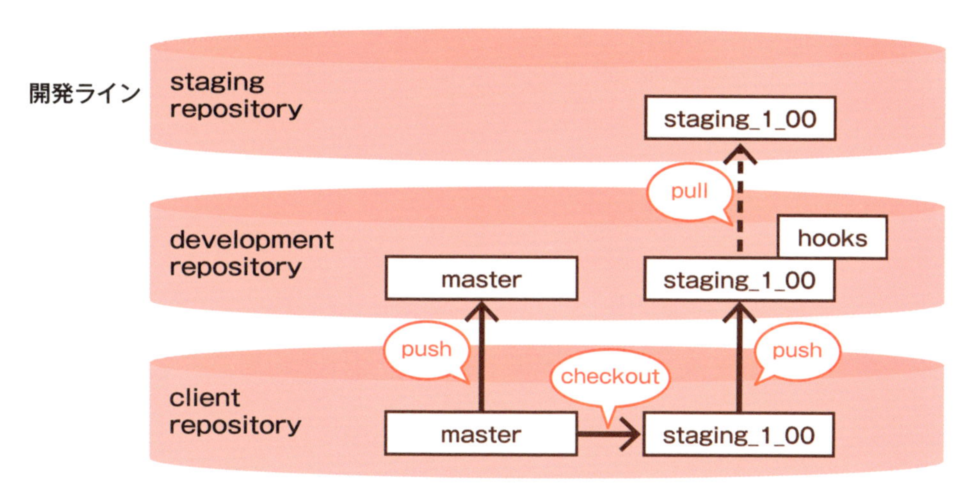

実際に staging 環境が、client リポジトリから development リポジトリへのプッシュで更新されたのか、見てみましょう。

staging 環境の確認

```
#staging リポジトリへ移動
$ cd staging
# ブランチの確認
$ git branch
* staging_1_00
# コミット履歴の確認
$ git log --oneline
048851a index.html の最初のコミット
#staging のワーキングディレクトリ
$ ls
index.html
# ファイルの中身の確認
$ cat index.html
<html><head></head><body> 初期コンテンツ </body></html>
```

ステージング環境のコンテンツを管理する staging リポジトリに、staging_1_00 ブランチが作成され、最初のコミットがプルできていることが確認できました。コンテンツもワーキングディレクトリにチェックアウトされ、問題なく表示できそうです。

このような、各clientリポジトリで開発された内容は、通常stagingへはデプロイされることなく開発が継続し、チームで決めた好きなタイミングで、stagingで始まるブランチ名を作成してプッシュすることで、Gitフックを通してstagingリポジトリのプルを発火し、ステージング環境のコンテンツを更新して、テストを繰り返すことが可能となりました。

○本番ライン

開発が進みテストも一段落してきたら、いよいよ本番へのデプロイです。

clientリポジトリは、開発用途のdevelopmentリポジトリと、本番デプロイ用途のdeploy_emitterリポジトリの2つをリモートリポジトリとして設定していました。今度は、デプロイ用途のリモートに対してプッシュを行っていきます。

本番デプロイは開発フローの管理と一緒に設計されるべきです。今回は、デプロイ用のリモートリポジトリを指定することと、本番リリース用のブランチであるreleaseで始まるブランチ名の場合のみに、本番デプロイが稼働するようにしています。

今はstagingで名前が始まるstaging_1_00ブランチにいるので、まずは、本番デプロイ用のdeployリモート（deploy_emitterリポジトリ）に、そのままプッシュして、デプロイされないことを確認してみます。

clientリポジトリからstagingブランチをプッシュ

```
#clientリポジトリからstagingブランチをプッシュ
$ cd client
#ブランチ名の確認
$ git branch
  master
* staging_1_00
#deployリモートにstagingブランチをプッシュ
$ git push deploy staging_1_00
Counting objects: 3, done.
Delta compression using up to 4 threads.
Compressing objects: 100% (2/2), done.
Writing objects: 100% (3/3), 303 bytes | 0 bytes/s, done.
Total 3 (delta 0), reused 0 (delta 0)
remote: REF: refs/heads/staging_1_00
remote: TARGET BRANCH PREFIX: release
remote: Deployment was skipped.
remote: 'refs/heads/staging_1_00' is not a release target.
To ../deploy_emitter
 * [new branch]      staging_1_00 -> staging_1_00
```

clientリポジトリからstagingブランチをdeployリモート（deploy_emitterリポジトリ）にプッシュしたところ、デプロイは以下のメッセージと共に、スキップされました。

本番デプロイのスキップ

```
# 本番デプロイのスキップ
remote: TARGET BRANCH PREFIX: release
remote: Deployment was skipped.
```

ターゲットとしている接頭辞は release なので、デプロイがスキップしたよ、という意味になります。

それでは、いよいよ正しい手順で、release から始まる名前のブランチを client から deploy リモート（deploy_emitter リポジトリ）にプッシュすることで、本番デプロイをやってみましょう。まずは、release ブランチを作成します。

リリースブランチの作成

```
# リリースブランチの作成とチェックアウト
$ cd client
$ git co -b release_1_00
Switched to a new branch 'release_1_00'
$ git branch
  master
* release_1_00
  staging_1_00
```

release_1_00 ブランチが作成され、いよいよ本番リリースの準備ができました。後は deploy リモートにプッシュするだけです。

deploy リモートへの release ブランチのプッシュ

```
#deploy リモートへの release ブランチのプッシュ
$ git push deploy release_1_00
Total 0 (delta 0), reused 0 (delta 0)
remote: REF: refs/heads/release_1_00
remote: TARGET BRANCH PREFIX: release
remote: BRANCH: release_1_00
remote: release branch will be deployed
remote: Working directory:  /workspace/deploy_test/production
remote: Switched to a new branch 'release_1_00'
#（省略）
remote: From ../deploy_emitter
remote:  * branch            release_1_00 -> FETCH_HEAD
remote:  * [new branch]      release_1_00 -> origin/release_1_00
remote: Deploy has been completed.
To ../deploy_emitter
 * [new branch]      release_1_00 -> release_1_00
```

出力が長くなっていますが、remote: の出力で見るべきは最後の 2 行です。

デプロイの成功

```
#デプロイの成功
remote:  * [new branch]      release_1_00 -> origin/release_1_00
remote: Deploy has been completed.
```

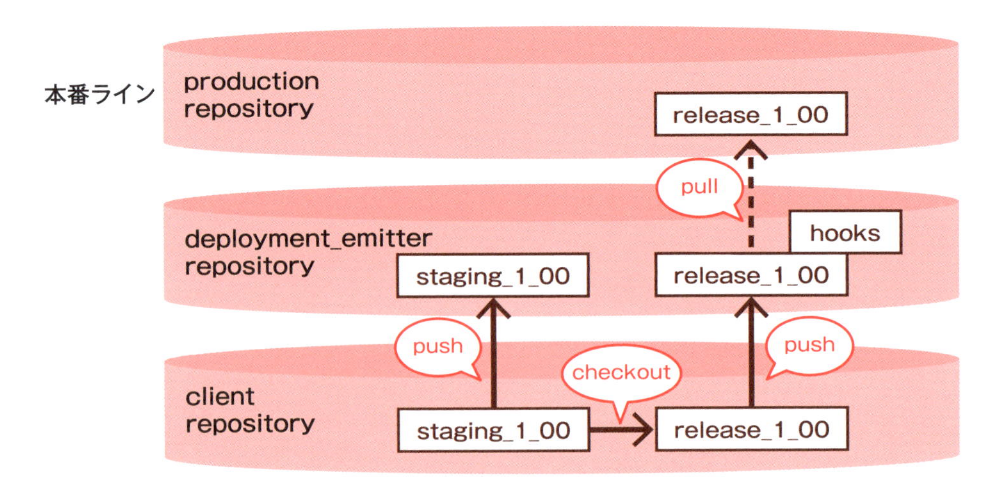

新規ブランチの作成と、デプロイの成功がスクリプトによって通知されています。それでは、本番コンテンツがどうなったか、production リポジトリを覗いてみましょう。

production リポジトリの本番コンテンツの確認

```
#production リポジトリの本番コンテンツの確認
$ cd production/
#ブランチの確認
$ git branch
* release_1_00
#コミット履歴の確認
$ git log --oneline
048851a index.html の最初のコミット
#ワーキングディレクトリの確認
$ ls
index.html
#コンテンツの確認
$ cat index.html
<html><head></head><body> 初期コンテンツ </body></html>
```

production リポジトリに、release_1_00 が作成され、コンテンツがチェックアウトされています。index.html が正しくチェックアウトされて、中身も作成しテストを繰り返ししていたものと同一です。

いかがでしたか？ オープンソース・ソフトウェアを組み合わせて、WebAPI や WebHook を活用しての CI/CD の構成も可能ですが、Git の機能（プルやプッシュ）と Git フックを活用して CI/CD を組み上げることも不可能ではありません。今回の構成を参考に、

1つ1つの機能をオープンソース・ソフトウェアやクラウドサービスで置き換えていくことも考えてみてください。どんな構成にしても、Gitが内包されていたり、Git自身を呼び出したり、GitとCI/CDは切っても切り離せないことに気付くでしょう。

まとめ

以上で「実践での使いこなしとリリース手法」は終了です。この章で抑えておきたいポイントは、以下の通りです。

- git-flowだけではなく、GitHub flowなど、参考にできるGit運用フローは他にもあるのでチームにあった手法を入れることが大切
- 複数のリポジトリを用いて1つのアプリとする場合はgit submoduleを利用できる
- Gitは大きなファイルを扱うことが苦手であるため、Git LFS等を用いて回避策をもうける必要がある
- Git操作のタイミングで自動で操作・制約を設けたい場合はGit Hooksを利用する
- Gitからファイルを取り除く場合はgit rmでは不十分で履歴からファイルを取り除くgit filter-branchが必要
- 継続してリリースを続けるには、継続的デリバリの仕組みを設計する必要がある
- 継続的デリバリは、継続的開発・継続的インテグレーション・継続的デプロイからなる
- 継続的デリバリでは、属人性の排除・複数環境への対応・メンテナンス性が重要となる
- 継続的デリバリを構成する場合、どのような設計にしてもgit push / git pullは必要不可欠

Gitを実践で使いこなす手法や、継続的デリバリとして、リリース手法の構成について説明してきました。コマンドや基礎的な理想を学ぶだけだと見えてこない実践で考える必要がでてくるポイントについて説明してきましたが、もちろんこれが全ての問題を解決するわけではありません。中〜上級レベルまでくると、Gitの単純な学習だけでは足りず、個々のチームが出会う問題を解決することによるケーススタディとなってきます。しかし、多くの悩みや課題が、この章までに説明してきたポイントで何かしらの助けになることは間違いありません。これまで紹介してきた内容が、チーム設計・トラブルシューティング・リリース手法の設計時に、助けになることを願っています。

Git コマンド早見表

Git コマンドの設定

```
$ git config --global user.name "<name>"
```

P.19 参照

コミットに付加される名前を設定する

```
$ git config --global user.email "<email>"
```

P.19 参照

コミットに付加されるメールアドレスを設定する

```
$ git config --global color.ui auto
```

P.53 参照

コマンドラインの出力を見やすくするための色を設定する

リポジトリの設定

```
$ git init <project-name>
```

P.20 参照

指定した名前でローカルリポジトリを作成する

```
$ git remote add <name> <url>
```

P.75 参照

リモートリポジトリの設定を指定した名前で追加する

```
$ git remote rename <old-name> <new-name>
```

リモートリポジトリの設定を <old-name> から <new-name> に変更する

```
$ git clone <url>
```

P.77 参照

指定した URL のリポジトリをローカルリポジトリとして複製する

変更履歴の登録

```
$ git status
```

P.21 参照

リポジトリの状態とステージングエリアの状態を確認する

```
$ git add <file>
```

P.24 参照

ワーキングディレクトリの変更をステージングエリアに追加する

```
$ git add --all
```

ワーキングディレクトリの全ての変更をステージングエリアに追加する

```
$ git reset <file>
```

P.33 参照

ファイルをステージングエリアから外しますが、その内容は保持したままにする

```
$ git diff
```
P.27 参照

ワーキングディレクトリとステージングエリアの差分を表示する

```
$ git commit -m "<descriptive message>"
```
P.28 参照

ステージングされた変更をコミットする

```
$ git commit --amend
```
P.45 参照

直前のコミットを新しいコミットで置き換える

○ ブランチの操作

```
$ git branch
```
P.67 参照

リポジトリ上のローカルブランチを一覧で表示する

```
$ git branch -a
```

ローカルブランチとリモート追跡ブランチの一覧を表示する

```
$ git branch <branch-name>
```
P.67 参照

新規ブランチを作成する

```
$ git checkout <branch-name>
```
P.68 参照

指定したブランチに切り替え、ワーキングディレクトリを更新する

```
$ git checkout -b <branch-name>
```
P.91 参照

指定したブランチの作成と切り替えを同時に行う

```
$ git merge <branch>
```
P.89 参照

指定したブランチの履歴を現在のブランチに統合する

```
$ git branch -d <branch-name>
```
P.68 参照

指定したローカルブランチを削除する

```
$ git branch -m <branch-name>
```
P.68 参照

現在のブランチの名前を <branch-name> に変更する

```
$ git tag <tag-name>
```
P.93 参照

タグを作成する

ファイルの移動と削除

```
$ git rm <file>
```
P.48 参照

ワーキングディレクトリからファイルを削除し、削除した履歴をステージングする

```
$ git rm --cached <file>
```
P.37 参照

ステージングエリアからファイルを削除し、ローカルのファイルは保持したままにする

```
$ git mv <file-original> <file-renamed>
```
P.49 参照

ワーキングディレクトリのファイル名（ディレクトリ名）を変更し、ステージングする

一時的な変更の記録

```
$ git stash
```
P.84 参照

変更を監視されているファイルの変更の状態とステージングエリアの状態を保存し、HEAD の状態までクリーンに戻す

```
$ git stash list
```
P.86 参照

一時保存された記録（スタッシュ）を一覧で表示する

```
$ git stash pop
```
P.85 参照

直近に一時保存された記録（スタッシュ）から、記録内容をワーキングディレクトリに反映する

```
$ git stash drop
```

直近に一時保存された記録（スタッシュ）を破棄する

履歴の確認

```
$ git log
```
P.30 参照

現在のブランチのバージョン履歴を一覧で表示する

```
$ git log --oneline
```
P.40 参照

現在のブランチのバージョン履歴を一覧で表示する時に、各履歴を一行で表示する

```
$ git log --follow <file>
```

名前の変更を含む指定したファイルのバージョン履歴の一覧を表示する

```
$ git diff <first-branch>...<second-branch>
```

2 つのブランチ間の差分を表示する

```
$ git show <commit>
```

指定されたコミットのメタ情報と変更内容を出力する

```
$ git blame <file>
```
P.83 参照

指定ファイルの各行毎に最終変更の情報を表示する

```
$ git checkout <commit>
```
P.46 参照

指定コミットのリビジョンの内容をワーキングディレクトリに反映する

履歴の修正

```
$ git revert <commit>
```

P.47 参照

指定コミットによって加えられた変更を元に戻す新しいコミットを生成し、適用する

```
$ git reset <commit>
```

P.34 参照

現在のブランチの HEAD を指定コミットまで移動し、ステージングされた内容をクリアし、ワーキングディレクトリの変更状態を保つ

```
$ git reset --hard <commit>
```

P.34 参照

現在のブランチの HEAD を指定コミットまで移動し、ステージングエリアとワーキングディレクトリの状態をクリアする

```
$ git rebase <branch>
```

P.120 参照

指定ブランチの内容を自動チェックアウトし、現在のブランチで加えられた変更履歴を退避し、1つ1つコミットしなおして履歴を作成する

リモートリポジトリの変更の同期

```
$ git fetch <remote>
```

P.78 参照

リモートリポジトリからすべてのブランチの更新履歴をリモート追跡ブランチに取り込む

```
$ git merge <remote track branch> <branch>
```

P.81 参照

リモート追跡ブランチを指定のブランチに統合する

```
$ git push
```

P.75 参照

リモートリポジトリが .git/config に指定されている場合、現在のブランチのリモートの履歴を更新する

```
$ git push <remote repository> <refspec>
```

P.75 参照

<refspec> として指定した名前をローカルリポジトリから探し、指定したリモートリポジトリの同名の参照を更新する（ブランチ名を指定した場合は、ブランチ名を含む参照をローカルリポジトリから検索し、リモートリポジトリの同名の参照を更新する）

```
git pull <remote repository>
```

P.82 参照

リモートブランチの更新履歴をリモート追跡ブランチに取り込み、リモート追跡ブランチを現在のブランチにマージする

INDEX

H

I

J

L

01

02

03

さ行

た行

は行

ま行

ら行

わ行

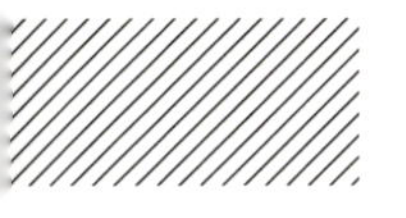

PROFILE

河村 聖悟

サーバアプリ・スマホアプリ・フロントエンド等、数多くのレイヤにおいてチームビルディング・チームリードを経験。Gitを用いたチーム運用設計を数多くこなし、長年Gitに慣れ親しむ。現在はリクルートテクノロジーズで、クラウド及びオンプレミスのプロビジョニング自動化チームを多数リード。

太田 智彬

1987年東京都生まれ。リクルートテクノロジーズ／テクニカルディレクター。大規模サイトの構築やWebアプリケーションの開発を経て、テクニカルディレクターとしてフロントアーキテクトに従事。フロントエンドのチームリード・制作フロー効率化が主な業務。著書『ブレイクスルー JavaScript』（翔泳社）『現場で役立つCSS3デザインパーツライブラリ』（MdN）『使って学べる jQuery 実践ガイド』（マイナビ）ほか。

増田 佳太

ベンチャー企業で受託開発のプロジェクトリーダーとして、数々の案件に関わる。その後リクルートマーケティングパートナーズに転職。個人でも複数のサイトの企画・開発・運用を行う。フロント・バックエンド・インフラの技術を基礎に、最近ではSEOファーストでサイトを企画・設計・開発する手法を研究している。

山田 直樹

リクルートマーケティングパートナーズ在籍のフロントエンド・エンジニア。内製サービスの開発メンバーとして、仕様策定や技術選定にも携わる。ブログなどで積極的にWeb技術の情報発信に取り組んでいるが、実はプログラミングよりも洋服を自作する方が得意。Twitter: @wakamsha

葛原 佑伍

2012年に株式会社リクルート（現リクルートホールディングス）入社。人材領域にて、複数のプロジェクトにてプロジェクトマネジメント業務、新規サービス開発を担当した後、ドイツ、ベルリンにてエンジニアリングトレーニング及び現地スタートアップ企業との共同プロジェクトに従事。帰国後、教育事業に参画し、スクラム開発を実践中。

大島 雅人

1985年、栃木県芳賀郡芳賀町生まれ。千葉大学卒業後、2009年、Web系SIerに入社しiPadの業務アプリ開発を行う。2015年、リクルートマーケティングパートナーズに転職し、内製サービスのiOSエンジニアとしてプロダクト開発、OSS活動やブログ・勉強会での発表などを行っている。新米パパ。

相野谷 直樹

iOSアプリ開発エンジニア。電気通信大学大学院修士卒。インフラエンジニアとして大規模サービスの運用自動化やプライベートクラウド構築を経験した後、現職の株式会社リクルートマーケティングパートナーズに入社。好きな機能は "git blame"。

片渕 真太郎

2013年に株式会社リクルートテクノロジーズに入社。スマートデバイスグループでAndroidアプリや基盤ライブラリの開発を経て、現在はスクラムエンジニアリンググループで開発を担当。

01

02

03

デザイン　宮嶋章文
企画・ディレクション　関根康浩
編集・DTP　株式会社リブロワークス

エンジニアのためのGit(ギット)の教科書

実践で使える！バージョン管理とチーム開発手法

2016年1月19日　初版第1刷発行
2022年9月　5日　初版第3刷発行

共　　著　株式会社リクルートテクノロジーズ／
株式会社リクルートマーケティングパートナーズ／
河村 聖悟／太田 智彬／増田 佳太／山田 直樹／
葛原 佑伍／大島 雅人／相野谷 直樹
発 行 人　佐々木 幹夫
発 行 所　株式会社 翔泳社（https://www.shoeisha.co.jp）
印刷・製本　大日本印刷 株式会社

＊ 本書へのお問い合わせについては、2ページに記載の内容をお読みください。

ISBN 978-4-7981-4366-8　　Printed in Japan